Alexander Mehlmann

Mathematische Seitensprünge

Populärwissenschaftliche Bücher Mathematik

Martin Aigner, Ehrhard Behrends (Hrsg.)
Alles Mathematik
Von Pythagoras zum CD-Player

Ehrhard Behrends
Fünf Minuten Mathematik
100 Beiträge der Mathematik-Kolumne der Zeitung DIE WELT

Albrecht Beutelspacher
„In Mathe war ich immer schlecht...“
Berichte und Bilder von Mathematik und Mathematikern, Problemen und Witzen...

Albrecht Beutelspacher
Kryptologie
Eine Einführung in die Wissenschaft vom Verschlüsseln, Verbergen und Verheimlichen

Jörg Bewersdorff
Glück, Logik und Bluff
Mathematik im Spiel – Methoden, Ergebnisse und Grenzen

Robert Kanigel
Der das Unendliche kannte
Das Leben des genialen Mathematikers Srinivasa Ramanujan

Dietrich Paul
PISA, Bach, Pythagoras
Ein vergnügliches Kabarett um Bildung, Musik und Mathematik

Karl Sigmund, John Dawson, Kurt Mühlberger
Kurt Gödel
Das Album – The Album

Rudolf Taschner
Der Zahlen gigantische Schatten
Mathematik im Zeichen der Zeit

Alexander Mehlmann

Mathematische Seitensprünge

Ein unbeschwerter Ausflug in das Wunderland zwischen Mathematik und Literatur

Bibliografische Information Der Deutschen Nationalbibliothek
Die Deutsche Nationalbibliothek verzeichnet diese Publikation in der
Deutschen Nationalbibliografie; detaillierte bibliografische Daten sind im Internet über
<http://dnb.d-nb.de> abrufbar.

Prof. Dr. Alexander Mehlmann
Technische Universität Wien
Institut für Wirtschaftsmathematik
Argentinierstraße 8
A-1040 Wien

alexander.mehlmann@tuwien.ac.at

Umschlaggestaltung unter Verwendung eines Motivs von Jacopo di Barbari, Portrait von Fra Luca Pacioli, Galleria Nazionale di Capodimonte, Neapel, Italien. Bildrechte mit freundlicher Genehmigung durch Erich Lessing, „Erich Lessing Culture and Fine Arts Archives", Wien.

1. Auflage 2007

Lektorat: Ulrike Schmickler-Hirzebruch | Susanne Jahnel

Der Vieweg Verlag ist ein Unternehmen von Springer Science+Business Media.
www.vieweg.de

Umschlaggestaltung: Ulrike Weigel, www.CorporateDesignGroup.de
Druck und buchbinderische Verarbeitung: Wilhelm & Adam, Heusenstamm
Gedruckt auf säurefreiem und chlorfrei gebleichtem Papier.

ISBN 978-3-8348-0175-3 (Hardcover)
ISBN 978-3-8348-2632-9 (Softcover)

Vorwort

> But mathematics is the sister, as well as the servant, of the arts and is touched by the same madness and genius.
>
> MARSTON MORSE

TROTZ DER ZWEIFELLOS vorhandenen Bezugspunkte zu den *belles lettres* – eine doppelte Chance zur Entwicklung der eigenen Methodik und zum Dienst an den schönen Künsten – scheint die moderne Mathematik stets davor zurückzuscheuen, der stolzen Forderung von Harold Marston Morse einigermaßen gerecht zu werden. Dieses spröde Verhalten der ernsthaftesten aller Musen entspricht jedoch keineswegs ihrer ursprünglichen Zielsetzung.

Für die Mathematiker Antonio Manetti (1423-1497) und Galileo Galilei (1564-1642) war die Beschäftigung mit Dantes ›Divina Commedia‹ ein selbstverständlicher Schritt im Dienste der Dichtkunst und nicht zuletzt auch ein entscheidender zur Stärkung der eigenen Reputation. Beiden verdanken wir erstaunliche geometrische Einsichten in der Hölle Maß und Dimensionen; ein wahrhaft meisterlicher Balanceakt zwischen den Erfordernissen diesseitiger Geodäsie und den Dogmen jenseitsgewandter Theologie.

Die Geburtsstunde der Theorie stochastischer Prozesse wurde dagegen durch die Verehrung einer anderen Dichtergestalt eingeleitet, deren Einfluss jedoch durchaus mit dem Dantes vergleichbar ist. Die Rede ist hier von Russlands tragischem Poeten, Puschkin, dessen leichtfüßige Stanzen in ›Eugen Onegin‹ die Wegweiser der russischen Literatur wurden. Der Mathematiker Andreij A. Markoff (1856-1922) verwendete die Gesetzmäßigkeiten seiner Markoff'schen Ketten, um anhand der Wechselfolge von Vokalen und Konsonanten eine statistisch-stilistische Analyse der Reimendungen vorzunehmen.

Einer späteren russischen Mathematikergeneration blieb es vorbehalten, den ›Onegin‹ auf das zweifellos singuläre dramatische Ereignis zu reduzieren, das sich einer mathematischen Analyse geradezu aufzudrängen scheint: die Duellszene, in der Onegin seinen Freund Lenski erschießt.

Seinen formalen Heimvorteil erreicht der mathematische Ansatz vor allem unter Umständen, die eine dynamische Beschreibung des zugrundeliegenden literarischen Motivs zulassen. Kann sie einer derartig wohltemperierten, mathematischen Partitur folgen, so erweist sich die sogenannte ›Königin der Wissenschaften‹ durchaus als ein geeignetes mythographisches Instrument, um der Literatur interessante Noten abzugewinnen.

Die ›Mathematischen Seitensprünge‹ sind als Ausflug in das Wunderland zwischen Mathematik und Literatur angelegt. Von den Modellen zur Geometrie der Hölle (Dantes ›Divina Commedia‹), über Petrarcas Systematik des ›Canzoniere‹, der Mathematik der Teufelswette (Goethes ›Faust‹) bis zu den spieltheoretischen Mustern der Mythologie und der mathematischen Verdichtung literarischer Motive spannt sich der Bogen dieser populärwissenschaftlichen Einführung in die poetische Mathematik.

Das Spiel der gegenseitigen Reflexionen vor und auch hinter den Spiegeln der Literatur und Mathematik kann jedoch nur dann an Konturen gewinnen, wenn man der einen oder anderen Facette den belebenden Glanz der Ironie, der Parodie oder der Satire beifügt. Die im vorliegenden Band gesammelten Seitensprünge verwenden aus diesem Grunde auch unterschiedliche Stilmittel und Varianten, um literarische Motive aus dem Blickwinkel der Mathematik zu betrachten und sich andererseits auch auf poetischen Pfaden der Faszination Mathematik zu nähern. Ein häufiges Element ist der Vers. Falls kein Urheber oder Autor genannt wird, handelt es sich durch die Bank um eigene Versuche und Übertragungen.

Ich lade die geneigten Leserinnen und Leser ein, mich auf diesen Wegen zur Poesie und Mathematik zu begleiten.

Wien, im August 2007 Alexander Mehlmann

Danksagung

Mein Dank gilt folgenden Mitwirkenden und Institutionen:

den Besuchern meiner Veranstaltungen im math.space für ihr lebhaftes und andauerndes Interesse an den Formen der literarischen Mathematik.

den Bundesministerien für Unterricht, Kunst und Kultur, sowie Wissenschaft und Forschung, für die Förderung des Projektes math.space.

Ekkehard Faude, vielbelesener Verleger der ›Litzelstetter Libellen‹, – die Reihe wissenschaftlicher Satiren des Libelle Verlages – für die jahrzehntelange Betreuung meines Bändchens ›De salvatione Fausti‹ und für die angebotene Gelegenheit, die Rechte hierzu wieder zu erlangen.

Grace und **Sabrina** für die Liebe, Geduld und familiäre Duldung, ohne die mathematische Seitensprünge letztlich nicht gelingen können.

JoAnne Growney für die Erlaubnis, meine Übersetzung ihres Emmy Noether Gedichts ›My Dance is Mathematics‹ zu verwenden.

Kellie Gutman für die Erlaubnis, ihre Übertragung der Terzinen Tartaglias zu verwenden.

Brigitte Hermann, Dramaturgin und Pressesprecherin des Landestheaters Vorarlberg, für die Erlaubnis, das Produktionsmotiv der Aufführung zu Martin Crimps ›Auf dem Land‹ (Bild 12) zu verwenden.

Hendrik Lenstra und **Steven Hillion** für die Erlaubnis, die ersten zwei Couplets ihres Rinderproblem-Poems zu verwenden.

Erich Lessing für die mehr als großzügige Erlaubnis, aus den Schätzen der ›Erich Lessing Culture and Fine Arts Archives‹ unbeschränkt schöpfen zu dürfen. Die verwendeten Bilder werden am Buchende im Quellenverzeichnis angegeben.

den Mitarbeitern und Hörern (beiderlei Geschlechts) am Institut für Wirtschaftsmathematik der Technischen Universität Wien, für das kollegiale und (manches Mal zu Versen) inspirierende Umfeld.

Bernhard Rengs für seine Hilfe bei der Erstellung der Gnomon Bilder im Abschnitt 1.4.

Ariel Rubinstein für die Erlaubnis, seine erste mathematische Sternstunde in Gestalt einer Anekdote nacherzählen zu dürfen.

Ulrike Schmickler-Hirzebruch und **Susanne Jahnel** vom Lektorat des Vieweg Verlages für die optimale Betreuung bei der Manuskripterstellung.

Peter Seidinger für die Erlaubnis, seine bemerkenswerte Darstellung des Transsilvanischen Ökosystems (Bild 10) zu verwenden. Die Zeichnung entstand im heißen September 1989, den wir auf recht unterhaltsame Weise in der ORF Wissenschaftsredaktion verbrachten.

Norman Sperling, dem Herausgeber des *Journal of Irreproducible Results*, für die Genehmigung, eine deutschsprachige Version meines im Jahresband 49, Nummer 5, Seiten 16-17, erschienenen Artikels ›On the Herculean Generation of Hydronacci Numbers‹ zu verwenden.

William Stein für die Erlaubnis, seine Fotografie (Bild 17) des Bourbaki-Gemäldes (Vortragsraum des Fachbereichs Mathematik, Brown Universität, Providence, Rhode Island) zu verwenden.

der Technischen Universität Wien für ihre traditionelle Neigung, Kunst und Wissenschaft zu vereinen.

Gernot Tragler für die Erlaubnis, seine Fotografie (Bild 13) des Schachbrettspiels, das die Welt bedeutet, zum wiederholten Male zu verwenden.

den Universitätsbibliotheken Notre Dame, vertreten durch den Head of the Department of Special Collections, **Louis Jordan**, und **Sara B. Weber**, für die Erlaubnis, die Reproduktion (Bild 2) des im Besitz des Departments of Special Collections, University Libraries of Notre Dame, befindlichen Originals zu verwenden. Das Quellenverzeichnis am Buchende enthält zusätzliche Informationen hierzu.

Peter M. Winter für die Erlaubnis, seine bei der Eröffnung des math.space entstandene Fotografie als Autorenporträt (Umschlag) zu verwenden.

Inhaltsverzeichnis

Bildverzeichnis

eins

Verführerische Mathematik

Im Seitensprung der verführerischen Mathematik begegnen wir dem Epigramm des Erzgrüblers Archimedes zum Problem der Rinder des Sonnengottes und Nicolo Tartaglias poetischer Formel zur Lösung der kubischen Gleichung. Die verführerischen Exkurse in die lyrische Welt der Mathematik umschließen gleichsam in einer Nuss-Schale zwei Versuche der Mathematik, Dichtung zu beschreiben. Galileis Vermessung der Hölle nach Dantes ›Divina Comedia‹ und die Ansätze zur Entlarvung der Systematik in Petrarcas ›Canzoniere‹.

1 Die Stiere des Helios

1.1 Die Rinder des Sonnengottes

> Wahrlich, eine ziemliche Heerde für Sicilien. Zwar die Sonne, der sie gehörte, wird Rath gewußt haben.
>
> *Zur Griechischen Anthologie.*
> Gotthold Ephraim Lessing

Auf diesen Fund war der herzögliche Bibliothekar zu Wolfenbüttel zu Recht stolz. Der griechische Kodex, den Gotthold Ephraim Lessing 1773 im reichhaltigen Schrifttum der Bibliothek ausgegraben hatte, enthielt neben allerlei Auszügen aus geläufigen Anthologien eine unbekannte mathematische Aufgabe. Das in Epigrammform verfasste Problem war mit einem Zusatz klärender Randbemerkungen versehen und erweckte ganz und gar den Anschein einer vom Erzgrübler Archimedes an Eratosthenes von Kyrene und damit letztlich an die verschworene Gemeinschaft der Mathematiker im alexandrinischen Museion gerichteten Aufforderung zum arithmetischen Tanz.

Die Altphilologen stürzten sich auf das in elegische Zweizeiler zerlegbare Epigramm, um die Urheberschaft des Archimedes kenntnisreich in Zweifel zu ziehen. Für die Mathematiker war der literarische Gehalt Nebensache. Der rhetorischen Tradition, Mathematik in Verse zu fassen, sofern noch bewusst, dann doch längst entfremdet, traten sie mit ertastender logischer Schrittweite in den Reigen der nach des Rätsels Lösung Suchenden ein.

Lessing nahm wissentlich von der versgemäßen Übertragung des Originals Abstand. Er lieferte eine prosaische Übersetzung ins Deutsche. Die Mühen der Versifikation blieben somit anderen überlassen, die das Problem nicht allein aus dem Blickwinkel der Mathematik betrachten wollten.

Eine rundherum geglückte Übertragung des Epigramms verdanken wir dem Zahlentheoretiker ersten Ranges Hendrik Lenstra und seinem Schüler Steven Hillion. Ihr Einsatz rhythmischer Reimpaare in der Manier des englischen Klassizismus hat jedoch nicht allein ästhetische Gründe. Der mit lyrischen Mitteln vollführte Zeitsprung ins englische Barock kann durch Verweis auf William Brouncker (1620-1684) gerechtfertigt werden. Seine Lösungsmethode der sogenannten Pell'schen Gleichung stellte den ersten entscheidenden Schritt auf dem langen Weg zur Auflösung des archimedischen Rätsels dar. Hillion und Lenstra leiten ihr Poem[1] mit folgenden zwei Couplets ein:

> The Sun god's cattle, friend, apply thy care
> to count their number, hast thou wisdom's share.
> They grazed of old on the Thrinacian floor
> of Sic'ly's island, herded into four, ...

und schaffen es in 22 vollendet ausgewogenen Zweizeilern, die Dimension des griechischen Epigramms punktgenau einzuhalten.

Für Angehörige der Rap-Generation, die auf barocke oder gar archaische Versfüße null Bock haben, steht als letzter Ausweg eine das ursprüngliche Zeilenmaß sprengende Herausforderung in Knüttelversen bereit:

Das Rinderproblem des Archimedes in Knüttelversen verfasst und an Eratosthenes von Kyrene per eMail verschickt

Hast Du, Freund, den richt'gen Riecher,
So berechne, wieviel Viecher
– Lass uns nur von Rindern reden,
Hornbewehrte Quadrupeden –
Einst gehörten, hü und hott,
Helios,[2] dem Sonnengott,
Auf Siziliens grüner Erde.
Milchweiß war die erste Herde,
Schwarz die zweite, zappenduster,
Braun die dritte; Fleckenmuster
Schmückte Rinderkuh und Stier
In der Herde Nummer vier.

Zahl der Stiere ganz in Weiß,
Die erhält man nur mit Fleiß
Aus der reinen Braunstier-Zahl
Plus der Hälfte und nochmal
Plus ein Drittel aller schwarzen
Stiere, deren Zahl – ihr Parzen! –
Glich der Stierzahl aller Braunen
(Schon vernehm' ich, Freund, Dein Raunen)
Nebst dem viert- und fünften Teil
Der gefleckten Stier', derweil
Die (der Zahl nach) sich summierten
Aus den Braunen, wohlsortierten,
Nebst dem Sechst- und Siebentel
Weißer Stiere, die zur Stell'.

Doch vergiss bei aller Müh'
Nicht des Sonnengottes Küh'.
Statt die Zähn' sich auszubeißen
Beim Bestimmen all der weißen,

Addier' als Sonderfall
Von der schwarzen Herdenzahl
Nur ein Drittel und ein Viertel
Und dann schnalle fest den Gürtel.
Auch der schwarzen Kühe Nummer,
Lässt sich finden ohne Kummer.
Teil die Fleckviehzahl durch Vier
Und durch Fünf und dann addier'!

Elf durch Dreißig der brünetten
Rinder in Trinakriens Stätten
Ist die Zahl der Küh' mit Fleck.
Rätselhaft bleibt noch der Zweck,
Denn die Zahl der Braunviehdamen
(Nichts zur Sache tun die Namen)
Dividiert durch die der Rinder,
Die so weiß, wie ihre Kinder,
Sie ergibt ganz informell
$\frac{1}{6} + \frac{1}{7}$.

Nennst du mir – getrennt nach Gender
Und nach Farben der Gewänder(?) –
All die Zahlen auf der Wiese,
Bist fürwahr ein Pisa-Riese!
Zur Elite erster Klasse
Ich dich erst gehören lasse,
Wenn du lösest schnell wie'n Pfeil
Auch des Rätsels zweiten Teil.

Wenn man sie zusammenführe
Die Gesamtzahl aller Stiere,
Die pechschwarz und weiß wie Schnee,
So erhielt' man ein Karree.

Schichtet man der Stiere Rest
Reihenweis', wobei man lässt
Jeweils in der nächsten Reih'
Gleich viel Hörner minus zwei,
So benötigt man als Spitze
Einen Stier nur (ohne Vize)
Und die Rindviehformation
Bildet glatt ein Dreieck schon.

Die von Lessing aus der poetischen Ursuppe destillierten Gleichungen weisen bereits eine moderne algebraische Gestalt auf, die wir in der Folge nur mit unwesentlichen Veränderungen der Notation wiedergeben. $w_♀$, $w_♂$, $s_♀$, $s_♂$, $b_♀$, $b_♂$, $g_♀$, $g_♂$ möge nun die Anzahl der weißen, schwarzen, braunen und gefleckten Rindviecher des jeweiligen Geschlechts bezeichnen – Damen haben stets den Vortritt. Den erdichteten Regeln entsprechend, gilt vorerst für die Stierzahlen:

$$\begin{aligned} w_♂ &= \left(\frac{1}{2}+\frac{1}{3}\right)s_♂ + b_♂ &= \frac{5}{6}\,s_♂ + b_♂ \\ s_♂ &= \left(\frac{1}{4}+\frac{1}{5}\right)g_♂ + b_♂ &= \frac{9}{20}\,g_♂ + b_♂ \\ g_♂ &= \left(\frac{1}{6}+\frac{1}{7}\right)w_♂ + b_♂ &= \frac{13}{42}w_♂ + b_♂ \end{aligned}$$

Die für die Kühe in Frage kommenden Quantitäten lassen sich hingegen wie folgt bestimmen:

$$\begin{aligned} w_♀ &= \left(\frac{1}{3}+\frac{1}{4}\right)\left(s_♀ + s_♂\right) &= \frac{7}{12}\left(s_♀ + s_♂\right) \\ s_♀ &= \left(\frac{1}{4}+\frac{1}{5}\right)\left(g_♀ + g_♂\right) &= \frac{9}{20}\left(g_♀ + g_♂\right) \\ g_♀ &= \left(\frac{1}{5}+\frac{1}{6}\right)\left(b_♀ + b_♂\right) &= \frac{11}{30}\left(b_♀ + b_♂\right) \\ b_♀ &= \left(\frac{1}{6}+\frac{1}{7}\right)\left(w_♀ + w_♂\right) &= \frac{13}{42}\left(w_♀ + w_♂\right) \end{aligned}$$

Damit ist des Rätsels erster Teil mathematisch festgelegt. Eine akkurate Lösung hierzu – es gibt aus rein algebraischen Gründen unendlich viele und der anonyme Rinderzähler hat sich unbegreiflicherweise mit $k = 80$ nicht einmal für die sparsamste entschieden – war bereits in den Kodex-Kommentaren zum Epigramm enthalten:

$$\begin{aligned} w_♀ &= 7206360 \times k; \qquad & w_♂ &= 10366482 \times k \\ s_♀ &= 4893246 \times k; & s_♂ &= 7460514 \times k \\ b_♀ &= 5439213 \times k; & b_♂ &= 4149387 \times k \\ g_♀ &= 3515820 \times k; & g_♂ &= 7358060 \times k \end{aligned}$$

Der Mathematiker Leiste – als Erster bemüht den mathematischen Knoten zu entwirren – bestätigte diese Ergebnisse, die Lessing ob der erklecklichen Anzahl an Rindern zur Bemerkung veranlassten, dass es schließlich die Sache der Sonne sei, solche Unmengen an Weidetieren unterzubringen. Beiden war überdies klar, dass die erhaltenen Zahlen den Bedingungen im zweiten Teil des Rätsels nicht im Mindesten entsprachen.

Falls die schwarzen und weißen Stiere zusammen ein Karree ergeben, sollte nämlich $17826996 \cdot k = 2^2 \cdot 3 \cdot 11 \cdot 29 \cdot 4657 \cdot k$ notwendigerweise eine Quadratzahl sein. k ist somit durch die Gleichung

$$k = 3 \cdot 11 \cdot 29 \cdot 4657 \cdot l^2$$

für ganzzahlige l festgelegt. Da der Rest der Stiere ein Dreieck bildet, sollte daher $11507447 \cdot k = 3 \cdot 7 \cdot 11 \cdot 29 \cdot 353 \cdot 4657^2 \cdot l^2$ eine Dreieckszahl sein, was genau dann zutrifft, wenn $2^3 \cdot 3 \cdot 7 \cdot 11 \cdot 29 \cdot 353 \cdot 4657^2 \cdot l^2 + 1$ eine Quadratzahl ist.

Aus dieser letzten Beziehung lässt sich nun die Pell'sche Gleichung

$$h^2 = 410286423278424 \cdot l^2 + 1$$

aufstellen und für das Zahlenpaar (h, l) positiver ganzer Zahlen lösen.

Zwei Millenien nach Archimedes war das Rinderrätsel endlich gelöst. Die geistigen Sporen des vernichteten Museions hatten indessen in der Gilde der Mathematiker Wurzeln gefangen.

Eratosthenes hätte nunmehr mit erheblicher postalischer Verspätung auf die Herausforderung des Erzgrüblers reagieren können. Diese virtuelle und recht anachronistische Antwort ließe sich wie folgt entwerfen:

Eratosthenes von Kyrene an Archimedes von Syrakus in Angelegenheit der Rinder des Sonnengottes

An Archimedes – aus Verdruss
Verbannt ins ferne Syrakus –

Dein Epigramm hat uns erreicht;
Der Rhythmus war bisweilen seicht,
Doch sah ich nie solch' Leitmotiv
Seit man mich ›Meister Beta‹[3] rief.

Die Rinderzahl erhält man schnell,
Löst man die Gleichung von John Pell.

A. Amthor,[4] dem's zuerst gelang,
Wurde beim Rechnen angst und bang,
Denn 20 Myriaden Stellen
Plus 6545,[5] die vergällen
Die Freude konzentriert zu bleiben
Und diese Lösung aufzuschreiben.

Um es schlussendlich zu bestreiten,
Benötigt man Papier, an Seiten
Im gängigen Format A4
Siebenundvierzig, glaube mir.

Die Zahl, als kleinste nach Belieben,
Beginnt von links mit sieben sieben
Und endet letztlich, was recht cool,
Bei einer simplen Doppelnull.

Hätte Archimedes mit dieser Retourkutsche etwas anfangen können? Wohl nur dann, wenn sie in elegischen Distichen abgefasst worden wäre. Für den mathematischen Inhalt der anachronistischen Botschaft wäre letztlich eine Übertragung nicht notwendig gewesen. Es hat wohl kaum einen ernsthaften Mathematiker gegeben, der beim Knacken des Rinderproblems nicht bewusst an Archimedes gedacht hätte. So fühlte sich Ilan Vardi[6] durchaus veranlasst, die kleinste Lösung des Rätsels in der Zahlendarstellung des archimedischen Sandrechnens anzugeben. Hendrik Lenstra war zutiefst davon überzeugt, dass seine explizite Formel[7] zur Darstellung sämtlicher Lösungen des Rinderproblems zweifellos die Zustimmung des großen Erzgrüblers gefunden hätte.

Was nun die kleinstmögliche Rinderzahl betrifft: sie überschreitet bei weitem die vermutete Anzahl der Atome im Universum. Man müsste letztlich die unschuldige physikalische Metapher vom unhörbaren Gesang der Sonne gegen den Missklang eines zu groß dimensionierten Rinderorchesters eintauschen. Die Ebenen Siziliens kommen – und dies ist die gute Nachricht – schon allein aus Platzgründen nicht als Weidegrund für die Rinderherden des Helios in Frage.

Die dazu passende schlechte Nachricht[8] könnte wohl nur lauten, dass es einer geheimen sizilianischen Genossenschaft gelungen sei, Subsidien für den Erhalt der besagten Herden aus dem Landwirtschafts-Topf der EU zu lukrieren.

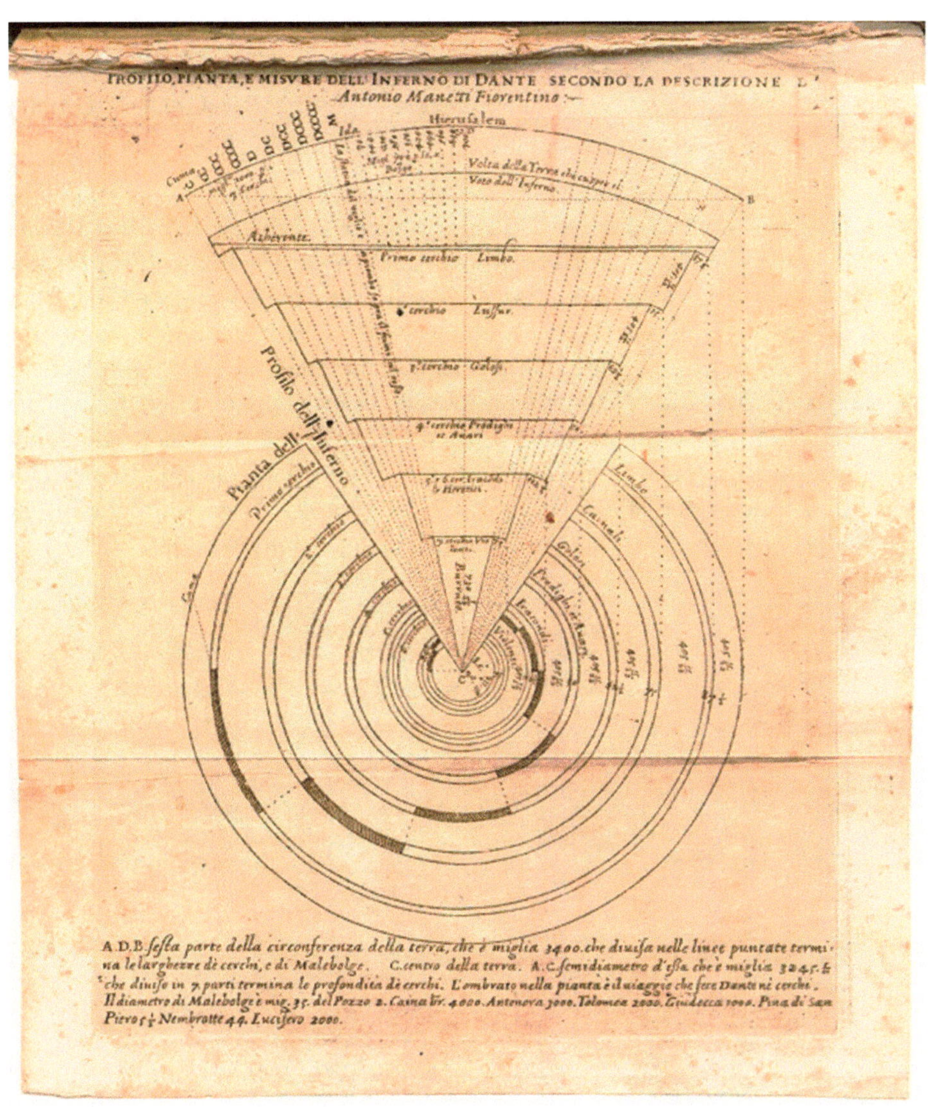

2 Der Hölle Maß und Dimensionen

1.2 Die Geometrie der Hölle

Prima considereremo la figura ed universal grandezza dell'Inferno, tanto assolutamente quanto in comparazione di tutta la terra.

Due Lezzioni all'Accademia Fiorentina ...
GALILEO GALILEI

UND ER BEWEGTE SICH DOCH. Die tiefe Verbeugung, die Galileo Galilei im Alter von 24 Jahren vollführte, galt nur auf den ersten Blick Dantes göttlicher Komödie. Auf der Suche nach einer Stellung, die ihm den Lebensunterhalt sichern konnte, war er bereit, seinen mathematischen Blick von den Erscheinungen des Himmels abzuwenden und ihn auf den singulären Bereich zu richten, dessen Erforschung der Kirche genehm war, – die Hölle.

Die zwei Vorträge, die er zur Dimension des Inferno (aus Dantes Göttlicher Komödie) in der von Cosimo Medici gegründeten Florentinischen Akademie hielt, sollten einen älteren Disput entscheiden. Manetti gegen Vellutello. Beide hatten ihre Modelle der Dante'schen Hölle entwickelt; Allessandro Vellutello aus Lucca lange nach dem Tod des Florentiners Antonio Manetti.

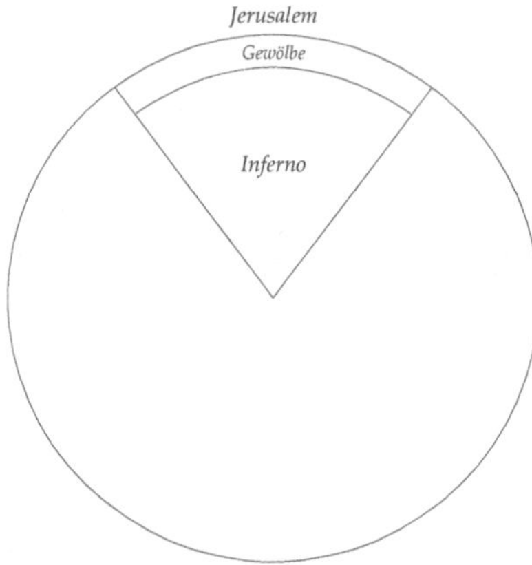

Querschnitt von Dantes Hölle (nach Manetti)

Galilei schlug sich auf die Seite des Mannes aus Florenz, dessen Hölle, dem Maße nach, mehr als ausreichenden Platz für zukünftige Generationen von Sündern bereitstellte. Der Sicht Manettis folgend, beschrieb Galilei vorab die akkurate Gestalt der Hölle: ein kegelförmiger Trichter, dessen Spitze im Erdmittelpunkt steckte, während der Basiskreis mit Jerusalem als Zentrum über einen Durchmesser verfügte, der durch die Entfernung zwischen Erdkruste und Kegelspitze gegeben war.

Dem Trichter war zur Oberfläche hin ein Gewölbe aus Erdreich aufgesetzt, dessen Dicke insgesamt einem Achtel des Erdradius entsprach, somit etwa[9] $405\frac{15}{22}$ Meilen. Von der unterhalb des Gewölbes befindlichen Vorhölle bis zum 8ten Rang des höllischen Amphitheaters, allwo jedem Tierchen sein Pläsierchen angeboten wird, vermisst nun Galilei Höllenkreis um Höllenkreis, Streifen um Streifen, jegliche Breite und Tiefe anhand der Dante'schen Vorlage.

Galileis Meisterschaft im Umgang mit Proportionen lässt ihn schließlich an dem Höllenfürsten Maß nehmen. Ausgangspunkt ist Luzifers Beschreibung im Canto XXXIV des Höllenteils der Göttlichen Komödie.

Luzifers Beschreibung

Lo 'mperador del doloroso regno
da mezzo 'l petto uscia fuor de la ghiaccia;
e più con un gigante io mi convegno,

che i giganti non fan con le sue braccia:

○ ∗ ○

Des Marterlandes höllischer Regent
schien aus dem Eis mit halber Brust zu reichen;
man eher mich als riesenhaft verkennt,

als Riesen seinem Arm gar zu vergleichen:

Aus dem Verhältnisvergleich

$$\text{Dante} : \text{Nimrod} \approx \text{Nimrod} : \text{Luzifers Arm}$$

leitet er auf unnachahmliche Weise eine Körpergröße für Luzifer im Ausmaß von 2000 Ellen ab. Da eine Elle im Kirchenstaat in etwa 75 cm betrug, können wir daher von glaubhaft gläubigen $1\frac{1}{2}$ Kilometer ausgehen.

Der zweite Vortrag diente schließlich vor allem dazu, mit Vellutello und seinem geizigen Modell abzurechnen. Dessen Höllenkegel – tief im Inneren der Erde beheimatet – betrug nur ein Tausendstel des Manetti'schen Trichters. Galilei lehnt diese Sicht der Hölle entschieden ab und bekräftigt auf Grund seiner Berechnungen die von Manetti vorgeschlagenen Größenverhältnisse. Zur Frage der Stabilität des Höllentrichters besagt Galileis Expertise, er könne durch einfache Skalierung von der Absturzsicherheit des Gewölbes ausgehen.

3 Galileo Galilei

Hier irrte Galilei und verbarg diesen Fehler sogar nach seiner Entdeckung der Skalierungsgesetze, die eine Skaleninvarianz eindeutig negieren. Von der Stabilität der Domkuppel zu Florenz kann über Skalierung keineswegs die Stabilität der Höllenkuppel gefolgert werden.

Erst in unserem Jahrhundert fiel dieser Umstand einem Physiker auf. Mark Peterson beschreibt[10] als eine der Auwirkungen von Galileis Versuch, den ihm bereits bewussten Fehler zu verschleiern, die späte Veröffentlichung der Skalierungsgesetze in ›Unterredung und mathematische Demonstration über zwei neue Wissenszweige die Mechanik und die Fallgesetze betreffend‹.

Den Grund für die Verschleierung nennt Peter Pesic in einem Kommentar[11] zu Petersons Artikel. Die sowohl in Manettis als auch in Vellutellos Modell schlummernde strukturelle Instabilität der Hölle stellt ihre reale Existenz in Frage. Die Welt, die nach der kopernikanischen Wende nicht mehr im Mittelpunkt des Universums steht und die Hölle, die nicht mehr Mittelpunkt der Welt sein kann. Ein mehr an Häresie schien wohl nicht nötig, um das Schicksal Giordano Brunos zu teilen.

4 Francesco Petrarca

1.3 Die Systematik des Canzoniere

> Voi ch'ascultate in rime sparse il suono
> di quei sospiri ond'io nudriva 'l core
> in sul mio primo giovenile errore,
> quand'era in parte altr'uom da quel ch'i' sono;
>
> *Canzoniere*
> FRANCESCO PETRARCA

RERUM VULGARIUM FRAGMENTA hatte Petrarca sie selbst genannt. Eine Sammlung unterschiedlicher Gedichte, die zuletzt aus 317 Sonetten, 29 Kanzonen, 9 Sestinen, 7 Balladen und 4 Madrigalen bestand. Im ersten Sonett seines ›Canzoniere‹ spricht Petrarca von verstreuten Reimen. In der Tat war er 32 Jahre lang bis zu seinem Tode im Bergwerk des dichterischen Schaffens zugange, um das verstreute Gut – Spreu von Weizen trennend – in ein perfektes Kunstwerk einzufügen.

Die ursprüngliche Ordnung der Dinge, somit die zeitliche Reihenfolge, in der die einzelnen Gedichte des Canzoniere entstanden, galt als spannendes Rätsel der Petrarca-Forschung. Die Suche nach einem geeigneten Muster half dem Einfallsreichtum unzähliger Forscher auf die Sprünge.

Wider Erwarten konnten auch Mathematiker einen gewissen Beitrag zur Lösung dieser Fragestellung leisten. Sergio Rinaldi, Professor am Politecnico di Milano, hat in seinen Arbeiten ein analytisches Abbild der emotionellen Zyklen gestaltet, die gemeinhin unter dem Kürzel Liebe verborgen sind. In seinem Vortrag ›Modelling Love Dynamics‹ zeigte er die Aussagekraft dynamischer Gleichungssysteme in stetiger Zeit auf, die zur glaubhaften Darstellung der Liebesbeziehungen berühmter Paare (oder für den Spezialfall von Truffauts ›Jules et Jim‹ sogar von Trios) geeignet erscheinen.

Ein Meisterstück an analytischer Luzidität hat er jedoch schon 1998 mit dem dynamischen Modell[12] der platonischen Beziehung zwischen Petrarca und dem dichterischen Objekt seiner Begierde, Laura, erstellt.

Wie in den Anwendungen der Mathematik üblich, benötigt der Motor der Modellierung eine Starthilfe, die außerhalb des üblichen durch Axiome und Deduktionen gesicherten mathematischen Fahrwassers angesiedelt ist. Der alles entscheidende Impuls des Petrarca-Laura Modells war eine im Niemandsland der Psychologie angesiedelte Hypothese über die grundlegenden Emotionen, die Petrarca zu den Liedern seines Canzoniere veranlasst haben mögen. Mit der Gültigkeit dieser letztlich durch keinen Beweis verifizierbaren Annahmen steht oder fällt das abgeleitete Modell.

Ausgangspunkt des hypothetischen Entwurfs ist das Canzoniere. So lassen sich, beispielsweise, im Sonett LXXVI, Hinweise dafür finden, dass Petrarca wiederholt die gleichen Liebesqualen durchlebt.

Erste Strophe des Sonetts LXXVI

Amor con sue promesse lusingando
mi ricondusse a la prigione antica,
et diè le chiavi a quella mia nemica
ch'anchor me di me stesso tene in bando.

○ ∗ ○

In das Verlies, seit jeher mir vertraut,
Lenkt wieder Amor mich mit leerem Worte,
Dass er den Schlüssel lieh zu jenem Orte
Der Feindin, die gebannt ich angeschaut.

Auf der Suche nach Pertrarcas emotionalem Zyklus hatte bereits Frederic Jones[13] den Canzoniere stilistisch durchforstet. Die schöne Feindin, die der Dichter gebannt angeschaut, lässt sich auf der Seite *vis-à-vis* bewundern. Über ihre Existenz streiten die Gelehrten noch heute. War Petrarcas Laura eine dichterische Erscheinung, wie manche glauben? Hat am Karfreitag des Jahres 1327, in der Kirche zu Avignon, Petrarca tatsächlich eine Laura aus Fleisch und Blut zum ersten Male erblickt?

Für Jones war diese Frage letztlich nebensächlich. Im Vordergrund stand das wiederkehrende Zeitmuster für Petrarcas Liebesgefühle, das mittels einer Punkteskala einschlägiger Gedichte auf eine Periode von fast 4 Jahren festgelegt werden konnte und im Gegenzug die korrekte chronologische Reihenfolge herstellen sollte.

Rinaldi versuchte nun diese Erkenntnisse durch das folgende System nichtlinearer Differentialgleichungen zu bestätigen:

$$\begin{aligned}
\frac{dL}{dt} &= -\alpha_1 L + \beta_1 \Big[P\Big(1 - \Big(\frac{P}{\gamma}\Big)^2\Big) + A_P\Big], \\
\frac{dP}{dt} &= -\alpha_2 P + \beta_2 \Big[L + \frac{A_L}{1 + \delta Z}\Big], \\
\frac{dZ}{dt} &= -\alpha_3 Z + \beta_3 P.
\end{aligned}$$

5 Petrarcas Laura

Die Variablen des Systems beschreiben Lauras Zuneigung $L(T)$ Petrarca gegenüber, Petrarcas Leidenschaft $P(t)$ für Laura, sowie seine poetische Inspiration $Z(t)$. Das Canzoniere legt die Persönlichkeitsstrukturen Petrarcas und Lauras fest; die Mathematik Rinaldis übersetzt sie schonungslos in die Sprache nichtlinearer Differentialgleichungen.

Der dritten Gleichung könnten geniale Poeten zumindest die Binsenwahrheit entnehmen, dass dichterische Eingebung nichts anderes als ein exponentiell gewichtetes Integral der Leidenschaft ist, die sie für die Angebetete empfinden. Mathematische Sprengkraft ist in den beiden ersten Gleichungen verborgen. Wir beziehen uns dabei durchaus auf das modellierte Wechselspiel aus Ab- und Zunahme der Inbrunst als prompte Auswirkung der Ablehnung, Enttäuschung und Gewöhnung. Im Verein mit der dritten Gleichung lässt sich Petrarcas zyklisches Wandeln aus der Hölle der Verzweiflung bis hin in den Himmel der platonischen Ekstase und wieder zurück ermitteln.

Punkt, Satz und Sieg für die angewandte Mathematik, da offenbar die von Jones postulierte Chronologie der Lieder im Canzoniere durch den abgeleiteten Zyklus bestätigt wurde?

Eine einfache Addition weist den Weg zu einer gänzlich anderen Sichtweise der Dinge. Summiert man Petrarcas Sonette, Kanzonen, Sestinen, Balladen und Madrigale, so entsteht die Anzahl der Tage eines Jahres plus eins.

Jacques Roubaud, der wie kein anderer Beruf und Berufung des Mathematikers und Poeten vereint, hat bereits 1990 im 47ten Band[14] der oulipotischen Bibliothek den Sinn hinter Petrarcas eigenartiger Anordnung der Lieder im Canzoniere entdeckt. Die von Rinaldi und Jones durchgeführte Reduktion des Dichters zu einem bloßen Aggregat aus Formel- und Gemütsteilen übersieht die eine wesentliche Dimension: Petrarcas Spiritualität.

Das Canzoniere durchläuft Gedicht um Gedicht die Tage eines magischen, ewigen Jahres der lebenslangen Liebe Petrarcas zur lebendigen und danach toten Laura. Ereignis um Ereignis wird dem tatsächlichen zeitlichen Ablauf entrissen und auf einen zugehörigen ewigen Jahrestag abgebildet. In einer geistigen Symphonie aus Mystik, Zahlensymbolik und Religiosität erschließt sich uns die wahrhaftige Systematik des Canzoniere.

6 Luca Pacioli

1.4 Tartaglias poetische Formel

> Quando chel cubo con le cose appresso
> Se agguaglia à qualche numero discreto
> Trouan dui altri differenti in esso.
>
> *Quesiti et inventioni diverse.*
> Nicolo Tartaglia

Als der Konnetabel Gaston de Foix im Februar 1512 halb Brescia über die Klinge springen ließ, markierten Degenhiebe eines namenlosen französischen Marodeurs die erste einschneidende Fußnote zur Chronik der Renaissance-Mathematik. Nach drei gegen Schädel und Gesichtspartie gerichteten Streichen, durchtrennte die Blankwaffe in bösartigen Schwüngen Zahnreihe, Gaumen und Kiefer des jungen Nicolo Cavallaro[15] und versetzte den Knaben in einen wochenlangen Schwebezustand an der Grenze zum Tod, ihn dabei erschwerend fürs Leben zeichnend.

Die verunstaltende Verletzung vermochte der Heranwachsende und späterhin gar der reife Mann nur mangelhaft hinter seinem wild sprießenden Bart zu verbergen. Verräterisch erwies sich für ihn stets die mündliche Verständigung. Die vernarbte Gaumenspalte, der verstumpfte Zungenmuskel vermochten die wörtlichen Boten der Sprache nur unvollkommen hervorzubringen.

Die Gassenjungen riefen ihm ständig ihr quälendes Tartaglia, Stotterer nach; der Stolz gebot es, den Spottnamen zu seinem *nom de guerre* zu machen. Als Rechenmeister, der schwerlich die Silben zu beherrschen vermochte, dem die Zahlen hingegen beinah aufs Wort gehorchten, hatte er Zug um Zug die Händler am Rialto und um die Piazza San Marco mit Rechenbrett und Zinseszins übermannt. Selbst die Kunst, den todsäenden Chor der Bombarden und Falkonetten mathematisch zu dirigieren, hatte er sich im Dienste der Serenissima zu eigen gemacht.

1534 forderte Antoniomaria Fior, ein Schüler des verstorbenen Bologneser Mathematikers Scipione dal Ferro, Tartaglia zu einem Wettstreit heraus. Den notariell festgelegten Regeln dieses rechnerischen Duells gemäß, hatten beide Kontrahenten die Problemstellungen des jeweiligen Gegners innerhalb einer vorgegebenen Frist zu lösen. Dem Verlierer wurde auferlegt, die Stadt in Schimpf und Schande zu verlassen, um künftig nur andernorts das Gewerbe eines Rechenmeisters auszuüben.

Als Tartaglia das versiegelte Kuvert mit den 30 Aufgaben Fiors öffnete, stellte er mit jähem Schrecken fest, dass ihm bereits die erste Aufgabe das Unmögliche abverlangte. Er sollte eine Zahl finden, die, zu ihrer dritten Wurzel hinzugefügt, sechs ergibt.

Hatte nicht die *Summa De Arithmetica* des mönchischen Lehrmeisters Luca Pacioli mit ihrem finalen *impossibile* ein für alle Mal die kubische Gleichung aus der Rüstkammer der Cossisten verbannt? Wie könne es ein Rechenmeister wie Fior nur wagen, Pacioli eines Irrtums zu bezichtigen?

Diese wohlberechtigten Einwände überging Fior mit einem verächtlichen Lächeln. Er erweckte den Eindruck im Besitz einer Geheimformel Scipiones zu sein.

Sollte das Unmögliche tatsächlich möglich sein? Aus den Fegefeuern des Zweifels führte nur ein Weg hinaus. Wider den Strom der Zeit hieß es, den verblassenden Spuren mathematischer Gedankengänge zu folgen. Zurück zur einen, Tausend und einen, Bagdader Nacht, in der wundersamerweise das Geheimnis[16] der quadratischen Gleichung $x^2 + mx = n$ aus der Restflächenfigur des Muhammad ibn Musa al-Chwarizmi entschlüsselt wurde.

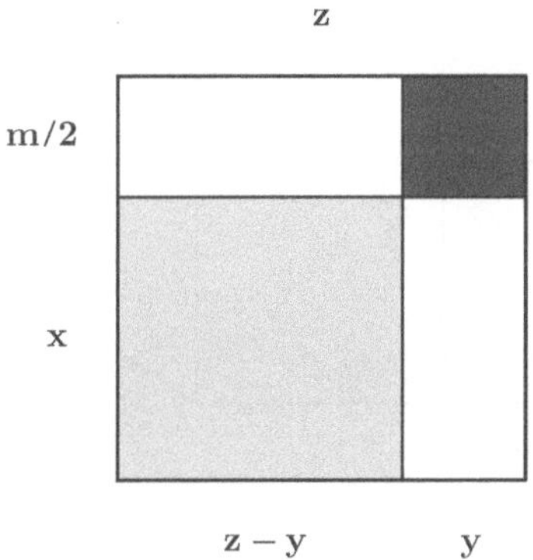

Der Gnomon des al-Chwarizmi

Um jedoch den Würfel zu vervollständigen, war ein weit höheres Maß an gewohnter geometrischer Klarheit vonnöten. Die gesetzte Frist war beinahe zur Gänze verstrichen, ohne dass es Tartaglia gelungen wäre, auf seiner Jagd nach dem körperlichen Gnomon ein Lösungsmuster der kubischen Gleichung $x^3 + mx = n$ zu zimmern.

Als die drei Kuben und Quadern sich am *dies mirabilis*[17] das Geheimnis entlocken ließen und die Sphinx letztlich gelöst war, schrieb Tartaglia den Lösungsweg aller ihm zugänglichen Varianten in den verwickelten Reimen der *terza rima* auf.

Dante hatte das Kettenreimschema in seiner Göttliche Komödie verwendet; mit der aus drei Zeilen bestehenden Strophe, Terzine genannt, wollte der Autodidakt Tartaglia das Ausmaß seiner Bildung belegen.

Die erste Terzine

Quando chel cubo con le cose appresso
Se agguaglia à qualche numero discreto
Trouan dui altri differenti in esso.

definiert die um den entscheidenden Fingerzeig ergänzte Aufgabenstellung. Ein Vielfaches der Unbekannten (die *cosa*) ergänzt um deren dritte Potenz (der *cubus*) gleicht einer Zahl, in der sich zwei weitere entdecken lassen.

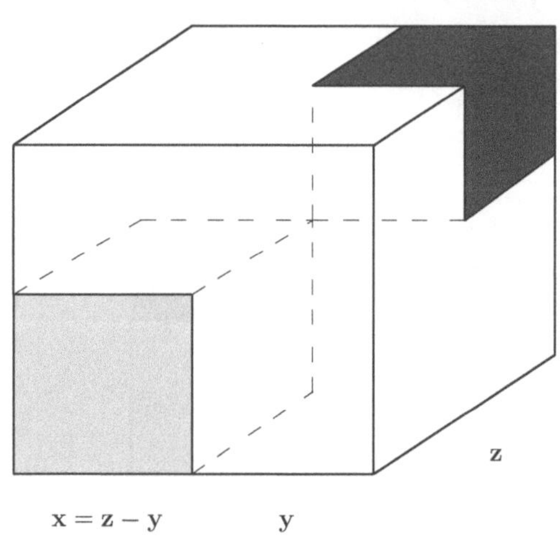

Der Gnomon des Tartaglia

Aus der schematischen Darstellung[18] des Gnomons lässt sich dies (mit der uns vertrauten Bezeichnungsweise unbekannter Größen) wie folgt einsehen. Zieht man vom Rauminhalt des großen Würfels das Volumen des blauen ab, so erhält man das gleiche Maß, das sich aus der Addition der Volumina des gelben Würfels und dreier raumfüllender Quadern ergibt:

$$n = z^3 - y^3 = (z - y)^3 + 3zy(z - y) = x^3 + mx.$$

Die Zahlen $r = z^3$ und $s = y^3$ lassen sich nun ›in n entdecken‹.

Beim Übertragen des Gedichtes von Tartaglia in andere Sprachen konnte der seltsame Reiz der lyrischen Rezeptur nur unvollkommen bewahrt werden. Erst Kellie Gutman gelang es in ihrer Übersetzung[19] ins Englische die Form der *terza rima* mit einem modernen Lösungsansatz zu vereinen. Wir wollen nun mit einigen lockeren Terzinen ihrem Beispiel folgen.

Terzinen von der kubischen Gleichung

(aus Tartaglias Original ins Ungefähre übertragen)

Falls m mal x addiert zu x hoch drei
Die Zahl klein n ergibt, so finde r und s,
dass deren Differenz gleich n nun sei,

Und deren Mal-Produkt, noch ehe ich's vergess',
Gleich m durch drei zur Dritten dann erhoben;
Dies Gleichnis ist quadratisch, ohne Stress

Löst man's für unser Zahlenpaar von oben,
Zieht dritte Wurzeln, deren Differenz
Ergibt den Wert von x – es stimmen auch die Proben.

Im zweiten Fall bleibt nunmehr die Potenz
Von x alleine auf der linken Seite,
Die anderen siehst vereint du und ergänz'

Zwei Teile additiv zu n, bereite
Deren Produkt nach Dritte-Wurzel-Müh'n
Dem Werte gleich ein Drittel m und leite

Die Lösung ab, so einfach es erschien
Im ersten Fall, doch nunmehr addiere
Die beiden Zahlen (Wurzeln sind zu zieh'n).

Der dritte Fall steht nunmehr vor der Türe;
Man löst ihn ganz dem zweiten Falle gleich,
Da die Natur sie als verwandt erführe.

Dies fand ich mit Begründung, die nicht weich,
Die Schritte leichtfüßig gesetzt und fleißig,
In jener Stadt umgrenzt vom Meeresreich

Im Jahre fünfzehnhundertvierunddreißig.

Ach hätte doch bloß der arme Nicolo statt seiner wohltönenden Terzinen unsere Variante Girolamo Cardano überlassen; der Medikus wäre letztlich zum Schluss gelangt, an Stelle des Rezeptes zur Auflösung der kubischen Gleichung eine kryptische Landsknechthymne in Händen zu halten.

zwei

Archaische Mathematik

›Die Funktion des Mythos‹, schreibt Mircea Eliade in *Mythos und Wirklichkeit*, ›besteht darin, Modelle zu offenbaren und damit der Welt und dem menschlichen Dasein eine Bedeutung zu verleihen.‹

Zur Deutung dieser Modelle fühlten sich im Laufe der Jahrtausende vor allem die Angehörigen der Priesterkasten berufen. Von diesem absoluten Alleinvertretungsanspruch künden zu gleichen Teilen die Orakelsprüche zu Delphi, die Scheiterhaufen der Inquisition und die apodiktischen Schriftrollen der Psychoanalyse.

Im folgenden mathematischen Seitensprung werden klassische Mythen nicht (allein) aus dem recht eigenwilligen Blickwinkel des Vaters der Psychoanalyse betrachtet, obgleich deren hypnotische Wirkung auf umtriebige Neurotiker sich durchaus als buchfüllend erweisen könnte.

Unserer Interpretation nach, sind Mythen poetische Vorläufer einer Theorie der Entscheidung bei Unsicherheit und unter unvollkommener Information: somit praktische Mathematik im allerbesten Sinne des Wortes. Als erste Zeugin für die Gültigkeit dieser Einschätzung wird Alkmene in den mathematischen Zeugenstand treten. Akmenes Sohn Herakles und seine bislang unvermutete Beziehung zur Zahlentheorie wird uns danach in Staunen versetzen. Gegen Schluss wird die Geschichte vom Wahnsinn des Odysseus einer endgültigen mathematischen Lösung unterworfen.

7 Alkmene zwischen Zeus und Hermes

2.1 Amphitryon im Doppelpack

> Amphitryon cum abesset ad expugnandam Oechaliam, Alcimena aestimans Iovem coniugem suum esse eum thalamis recepit.
>
> *Fabula XXIX.*
> Hyginus ⟨Mythographus⟩

Bei seiner Rückkehr aus dem siegreichen Feldzug gegen die Teleboer musste Amphitryon feststellen, dass die als Belohnung versprochene Hochzeitsnacht mit der ihm angetrauten Alkmene bereits von einem Doppelgänger konsumiert wurde.

Die halbwegs reuige Alkmene gab überdies zu bedenken, dass sich der falsche Amphitryon im Nachhinein als Götterfürst Zeus zu erkennen gegeben habe und letztlich das himmlische Weite gesucht hätte. Der gehörnte Ehemann fand sich schließlich damit ab. Alkmene war ja, bei Zeus, nicht die erste und auch keineswegs die letzte archaische Schönheit, die einen blitzeschleudernden Kindesvater ins Treffen bringen konnte.

Amphitryon

Als Zeus der Hafer wieder stach,
Beschloss er fremdzugehen.
Danae, die bei ihm ward schwach,
Lässt er im Regen stehen;
Bei Leda kommt er nur zum Stich
In Schwansgefiederpracht,
An Mannes statt erschleicht er sich
Alkmenes Hochzeitsnacht.

Glaubt man hingegen Giraudoux
Ging's mit Alkmene anders zu:
Da Hermes ihr zuvor verraten,
Dass Zeus sie in Gestalt des Gatten
Beglücken wolle, schickt zu Bett
Ein Double sie fürs *tête à tête.*

Amphitryon – diesmal der echte –
Verbringt somit die Nacht der Nächte
Mit einer anderen (ohne Scham)
Und dies, weil er als Erster kam.

In Giraudouxs *Amphitryon 38* wird Alkmene rechtzeitig von der Absicht des Göttervaters Zeus in Kenntnis gesetzt, an Amphitryons statt und als sein täuschend echter Doppelgänger ihr Schlafgemach zu betreten. Alkmene, deren Treue zu Amphitryon auf dem Spiel steht, ist nun der Meinung, dass ein falscher Amphitryon in Ausübung erschlichener ehelicher Rechte letzten Endes eine falsche Alkmene verdienen würde.

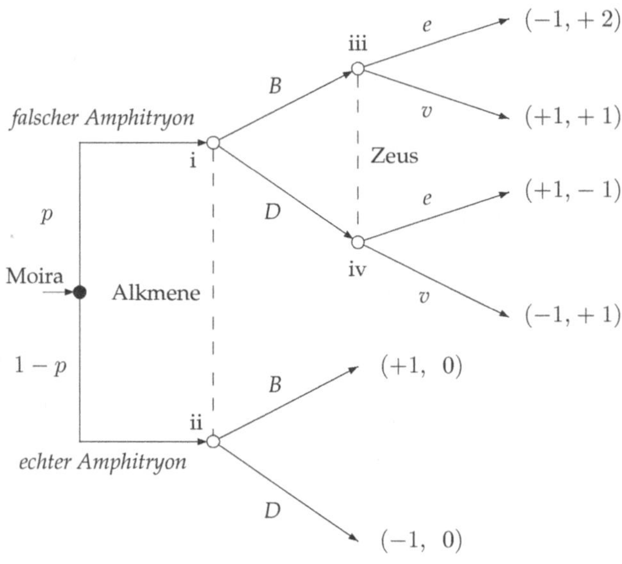

Spielbaum des Alkmene-Zeus Spiels

Was würde aber passieren, wenn ein überraschend als Erster heimkehrender, echter Gatte das sorgsam abgedunkelte Ehegemach mit einer falschen Alkmene teilen würde? Sollte andererseits ein schlauer, aber nicht allwissender, Zeus für den Fall, dass er als Erster in Theben auftaucht, und nachdem er seine Bettgenossin (vorerst nur im biblischen Sinne) erkannt hat, sich selbst zu erkennen geben? Oder vielmehr, wie es Kavaliere dem Vernehmen nach halten, einfach genießen und schweigen?

Derartige Fragestellungen können nur im Ambiente der mathematischen Spieltheorie zufriedenstellend beantwortet werden. Im Spielbaum des Alkmene–Zeus Spiels entscheidet vorerst Moira, als Schicksalsgöttin die mythologische Entsprechung der Spielerin Natur, mit Wahrscheinlichkeit $0 < p < 1$, ob der falsche Amphitryon (Zeus) als Erster Alkmenes Schlafgemach betritt.

Das Ergebnis dieses Zufallszuges bleibt jedoch Alkmenen verborgen; sie kann beim besten Willen nicht feststellen, ob das Spiel im Knoten i oder in ii seine Fortsetzung findet. Aus diesem Grunde sind diese beiden Knoten im Spielbaum durch eine strichlierte Linie verbunden und bilden gemeinsam die sogenannte *Informationsmenge* Alkmenes. Alle Entscheidungsknoten, die zu ein und derselben Informationsmenge eines Spielers gehören, können somit nur über eine identische Vielfalt an Optionen zur Weiterführung des Spiels verfügen. Der Olympier Zeus kann somit entweder die Option e (sich als Götterfürst zu *e*rkennen geben) oder v (seine Identität weiterhin *v*erhüllen) ergreifen, ohne genau zu wissen, in welchem Entscheidungsknoten seiner aus iii und iv bestehenden Informationsmenge er sich tatsächlich befindet. Alkmene, ihrerseits, steht in ihrer Informationsmenge entweder die Option B (selbst zu *B*ett zu gehen) oder D (sich von einem *D*ouble vertreten zu lassen) zur Verfügung.

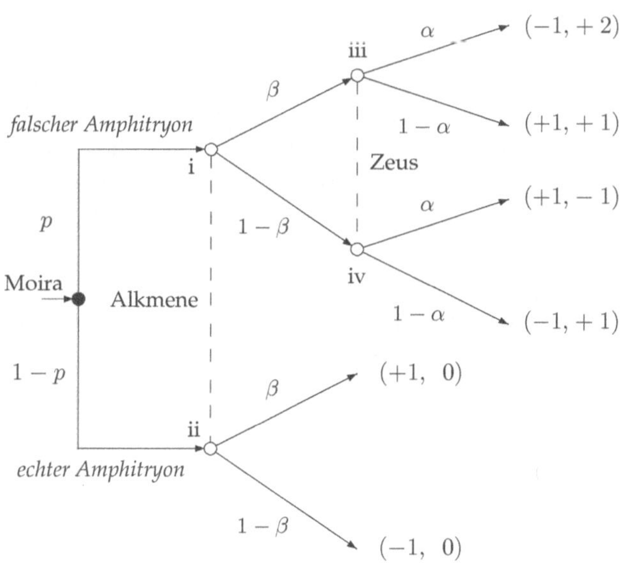

Strategisches Verhalten im Alkmene-Zeus Spiels

Alkmenes strategisches Verhalten kann nun wie folgt beschrieben werden: mit Wahrscheinlichkeit β wählt sie in ihrer Informationsmenge die Alternative B; mit der Umkehrwahrscheinlichkeit $1 - \beta$ wird die andere Zugalternative D verwirklicht.

Für Zeus heißt es dementsprechend, sich mit Wahrscheinlichkeit α für die Option e und mit Wahrscheinlichkeit $1 - \alpha$ für v zu entscheiden.

Unter welchen Umständen ist nun Zeus indifferent zwischen seinen beiden Strategien? Aus spieltheoretischer Sicht, nur dann, wenn beide Strategien ihm den gleichen Nutzen bringen. Die Wahrscheinlichkeit, dass Zeus überhaupt ins Spiel eingreifen kann, beträgt p. Die bedingten Wahrscheinlichkeiten, dass er sich dabei im oberen oder unteren Knoten seines Informationsbereiches befindet, lassen sich nun als $p \cdot \beta/p = \beta$ und $p \cdot (1 - \beta)/p = 1 - \beta$ festsetzen.

Entscheidet sich Zeus für die Option e, so wird er mit Wahrscheinlichkeit β den Nutzen $+2$ und mit $1 - \beta$ den Wert -1 erreichen, da seine Auszahlungen stets den zweiten Werten in den Zahlenpaaren der jeweiligen Endknoten gleich zu setzen sind.

Falls er die andere Option wählt, so erreicht er mit den Wahrscheinlichkeiten β und $1 - \beta$ stets die Auszahlung 1. Somit sollte folgende Identität für seine erwarteten Nutzenwerte gelten:

$$2 \cdot \beta - 1 \cdot (1 - \beta) = 1 \cdot \beta + 1 \cdot (1 - \beta) = 1.$$

Aus der Indifferenz des Göttervaters folgt somit $\beta = 2/3$. Falls es tatsächlich ein Gleichgewicht in Verhaltensstrategien geben sollte, so wird Alkmene mit Wahrscheinlichkeit $1/3$ eine Doppelgängerin ins Ehebett schicken.

Alkmenes' Indifferenz ist komplizierter anzusetzen. Ihre Auszahlungen sind jeweils durch die ersten Werte in den Zahlenpaaren der Endknoten gegeben. Aus der *a priori*-Verteilung $(p, 1 - p)$ lassen sich die erwarteten Nutzenwerte Alkmenes wie folgt ableiten.

Lässt sie sich durch eine Doppelgängerin vertreten, so erreicht sie:

$$p \cdot (1 \cdot \alpha - 1 \cdot (1 - \alpha)) + (1 - p) \cdot (-1).$$

Nimmt sie in eigener Person die Hochzeitsnacht wahr, so beträgt ihr Nutzen:

$$p \cdot (-1 \cdot \alpha + 1 \cdot (1 - \alpha)) + (1 - p) \cdot (1).$$

rechnen. Diese Nutzenwerte werden jedoch nur dann übereinstimmen, falls

$$2\alpha \cdot p - 1 = 1 - 2\alpha \cdot p.$$

Daraus folgt aber unmittelbar $\alpha = 1/(2p)$. Allein für $p > 1/2$ wird dieses α auch tatsächlich eine strikt positive Wahrscheinlichkeit kleiner als 1 sein.

Eine abschließende Bewertung des gleichgewichtigen (jedoch zum Teil promiskuitiven) Verhaltens der Protagonisten in diesem Spiel soll an dieser Stelle, trotz schwerwiegender moralischer Bedenken, dennoch nicht unterbleiben.

Alkmene wird sich (selbst bei einer vernachlässigbaren Chance, in ihrem Boudoir den echten Amphitryon zu empfangen,) nur mit Wahrscheinlichkeit 1/3 doubeln lassen. Sie tut dies, obwohl aus ihren Nutzenwerten gar nicht gefolgert werden kann, dass es von Vorteil ist, ein Liebesabenteuer mit Zeus einzugehen.

Die Wahrscheinlichkeit, dass Zeus sich letztlich offenbart, nimmt für wachsendes p ab, um schließlich gegen den Wert 1/2 zu streben. Dieses Verhalten ist durchaus nicht paradox. Es bieten sich zwei Erklärungsmuster hierfür an. Die abnehmende Bereitschaft, sich zu offenbaren, könnte durch die Angst vor dem Zorn Heras erklärt werden. Ein weiterer Grund für ein Kneifen ist darin zu sehen, dass die Offenbarung ja nur dann Sinn (oder besser ausgedrückt: theologisch optimierte Wirksamkeit) hat, wenn man nicht mit ihr rechnet.

Sohin kann eine Epiphanie, die allzu häufig eintritt, – was den tiefen und ehrlichen Glauben betrifft – eher kontraproduktiv sein. Dies war allen Göttern durchaus bewusst und sie hätten über Katja Ebsteins triumphierend gesungenes ›Wunder gibt es immer wieder‹ nur ungläubig den Kopf geschüttelt.

8 Herakles wendet das Köpfungstheorem an

2.2 Herakles und die Mathematik

nec profuit hydrae
crescere per damnum geminasque resumere vires?

Metamorphoses. Liber IX.
P. OVIDIUS NASO

ARCHAISCH-ACHÄISCHES ZEITALTER. In den Sümpfen zu Lerna sieht sich der Zeussohn Herakles wiederum einer unlösbaren Aufgabe gegenüber: das Ungeheuer Hydra, eine weitläufige Stiefschwester des Nemeischen Löwen, soll besiegt werden. Unser Monster verfügt über eine recht ansehnliche Anzahl an Köpfen; manche Chronisten sprechen von 6, 7, ja letztlich gar von 100 Häuptern. Als Herakles nun darangeht, die Hydra jeweils um eine endliche Anzahl dieser Schädel kürzer zu machen, stellt er verwirrt fest, dass für jeden abgehauenen Kopf jeweils zwei neue nachwachsen.

Diese erstaunlichen regenerativen Fähigkeiten werden letztlich der Hydra nicht den geringsten Zugewinn an Darwin'scher Fitness bringen. Der bewährte Schlagetot Herakles macht ihr mittels eines Feuertricks ungerührt den Garaus. Ovid bringt es letztlich in seinen Metamorphosen auf den Punkt: ›Was nützt es schon der Hydra, wenn sie durch herben Verlust zwiefach an Kräften Zuwachs erfährt?‹. Sie kann, fügen wir hinzu, nur mit einer posthumen Karriere als abgenützte Metapher oder als mehr oder weniger imposantes Sternbild rechnen.

Die mythische Geschichte von der zweiten Aufgabe des Heroen Herakles hätte jedoch durchaus eine andere, mathematisch beträchtlich interessantere, Wendung nehmen können. In einem derartigen Plot sollte der zahlenbegabte Wagenlenker Iolaos seinen Oheim Herakles auf das eigenartige Muster hinweisen, das entstünde, falls man die Häupter der vielköpfigen Wasserschlange in einer bestimmten Abfolge abschlagen würde. Welch einmalige Gelegenheit für Herakles (und die Hydra), zweieinhalb Millenien bevor Fibonacci die nach ihm benannte Zahlenfolge entdeckte, die erste Sternstunde der Mathematik einzuläuten.

Welch unvergleichliche Herausforderung, andererseits, für einen modernen Barden, dieser Sternstunde gerecht zu werden. Ein anfängliches Schwanken zwischen einem in Hexametern verfassten Epos, das unter Umständen nur homerisches Gelächter auslösen würde, und einem langweiligen mathematischen Text weckte letztlich den Wunsch nach stabilen literarischen Verhältnissen, die wir in der Folge durch den Doppelschlag einer Bänkeldichtung und einer als wissenschaftlicher Beitrag getarnten Parodie zu verwirklichen suchen.

Das Hydra-Theorem

Als Hydra wollt' ich, mit x Köpfen,
In Lerna die Achäer schröpfen.
Doch eines Tages gegen fumpf
Kam Herakles in meinen Sumpf
Und ging sofort mir an den Kragen,
Um Haupt für Haupt herabzuschlagen.

Ein jeder Schwerthieb, der fatal,
Verringerte der Köpfe Zahl;
Doch pro geköpftem Haupt sodann
Wuchsen zwei neue wieder dran.

Da rief Jolaos: »Herkle-Bácsi,[20]
Enthaupte stets nach Fibonacci,
Dann wird die Hydra gegen Schluss,
Zum echten Bio-Abakus!

Zwar hat das Biest an Kopf und Klon
In Summe nunmehr y,
Jedoch für des Beweises Kette
Nimm an, dass sie bloß einen hätte;
(Danach kann man durch scharfes Denken
Den allgemeiner'n Fall versenken.)

Dein erster Streich – voll des Verzichts – :
Köpfe genau null Komma nichts.
Im $i$ten Streich (leih' mir dein Ohr)
Köpfst du die Anzahl, die zuvor
Man an der Hydra konnt' ermessen,
Eh' Streich $i - 1$ gesessen.

Ein Diagramm, falls du verwirrt,
Zeigt einfach, was danach passiert:
Der Hydra Häupter sind nun Kreise;
Schwarz, die man köpft. Auf diese Weise
Entsteht in jeder Zeile gar
Die nächste Hydraköpfeschar.

Die Zeilensummen, die empfehlen
Sich für das Fibonacci-Zählen;
Doch da der Kerl noch nicht geboren,
Hat hier sein Name nichts verloren!
Man spricht stattdessen von der fahlen
Sequenz der Hydronacci-Zahlen.

Nach mathematischem Gebot
Schreibt man das Folgenglied H_j
Nun als die Summe gleichsam nieder
Zweier bekannter Folgenglieder,
Die beide Nachbarpositionen
Unmittelbar vor j bewohnen.

So, als Exempel, ist H_7
Bereits auf 13 'raufgetrieben.
Köpft man H_6 von diesen, macht
Rund 21 für H_8,
(Was sich ergibt geradewegs
Auch bei H_7 plus H_6.)

Nun hat, wir wollen's nicht verneinen,
Die Hydra Köpfe, mehr als einen.
Und diese Anzahl lässt sich denken
Als y; sie zu beschränken,
Sei j die erste Indexwahl,
Für die der Hydra Schädelzahl
Zwar kleiner ist als das H_j,
Doch größer (oder gleich zur Not)
Als jener Hydronacci-Wert,
Den H_{j-1} beschert.

Köpfst du danach in Konsequenz
Genau die Häupterdifferenz
Zwischen H_j und y,
Läuft's Hydronacci Werkel schon.
Das Weitere ist trivial
Gleich wie im Einzelschädel-Fall.«

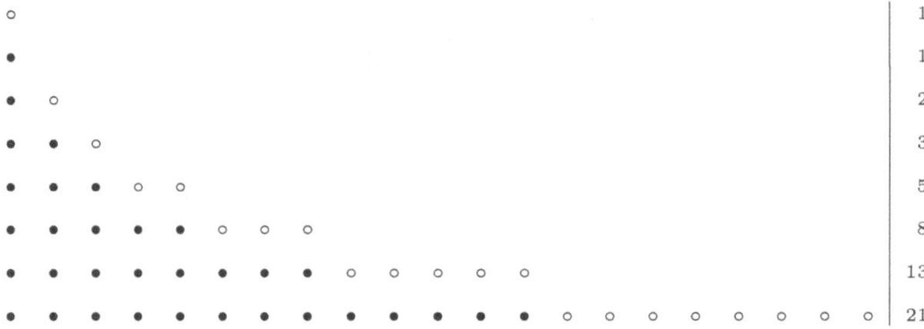

Das im Gedicht erwähnte Diagramm

Eine mathematische Parodie

Es sei L ein mit einer mythologischen Struktur versehener Lernäischer Raum. In jedem derartigen Raum existiert bekanntlich genau eine mit einer endlichen und natürlichen (?) Zahl x von Köpfen ausgestattete Hydra. Bei seinem heroischen Versuch diese Anzahl durch Anwendung eines (Köpfen genannten) unären Operators zu reduzieren, erzielte der *idiot savant* Herakles folgendes vorläufige Ergebnis:

Alsbald ein Kopf abgeschlagen wurde, wuchsen zwei neue Köpfe nach

Herakles war nunmehr bestrebt, dieses Resultat experimentell zu bestätigen. Nach einigen ersten befriedigenden Versuchen verfügte die Hydra über eine gigantische Gesamtzahl $y > x$ an Köpfen. Iolaos, der Herakles als Neffe und Experte unterstützte, schlug nunmehr eine mathematisch geschicktere Köpfungsprozedur vor, bei deren Anwendung die Hydra und ihre Köpfe zur ersten biologischen Recheneinheit mutieren würden.

[**Definition der Hydronacci Zahlen**] Unter der Annahme, dass die Hydra nur einen einzigen Kopf besitzt, lässt sich die Erste der Hydronacci Zahlen durch $H_1 := 1$ definieren. Zu Beginn enthaupte man keinen Kopf. Für $i > 1$ definiere man die $i$te Hydronacci Zahl H_i als die Anzahl an Köpfen, die nach Durchführung des $i$ten Schwertstreichs entweder unversehrt überlebten oder durch Regeneration neu entstanden sind. Im Zuge des $i$ten (Schwert)Streichs köpfe man genau H_{i-1} Köpfe.

Tatsächlich erzeugt die von Jolaos empfohlene Prozedur eine (unendliche) Folge von Zahlen, für deren Ableitungsgesetze Fibonacci zweieinhalb Millenien später das Beispiel sich paarender Häschen bemühte.

[**Hilfssatz**] Die Folge der Hydronacci Zahlen stimmt zur Gänze mit der sogenannten Fibonacci Folge überein.

Beweis. Mit seinem $i$ten Streich enthauptet Herakles H_{i-1} Köpfe, die wiederum durch $2H_{i-1}$ neue ersetzt werden. Somit gilt:

$$H_{i+1} = 2H_{i-1} + (H_i - H_{i-1}) = H_i + H_{i-1}$$

Definiert man nun zusätzlich $H_0 := 0$, so erhält man genau die von Fibonacci beschriebene Zahlenfolge.

Nun hat die Hydra bekanntlich mehr als einen Kopf, genauer gesagt, sogar deren $y > x$. Um diesen allgemeinen Fall auf den Spezialfall einer einköpfigen Hydra zurückzuführen, könnte man einem naiven Ansatz zufolge, einfach $y-1$ Köpfe enthaupten und die Stümpfe durch Fackelbrand am doppelten Regenerieren hindern. Diese Vorgangsweise scheint durchaus mit der ursprünglichen mythologischen Quelle kompatibel zu sein; sie muss jedoch nichtsdestotrotz als reiner Humbug abgelehnt werden. Die verantwortlichen Behörden verbieten eindeutig das Hantieren mit Feuer in Sumpf, Wald und Feld eines Lernäischen Raumes. Dessen ungeachtet hat Iolaos folgendes Theorem bewiesen:

[**Verallgemeinertes Köpfungstheorem**] Selbst unter der Annahme eines absoluten Feuerverbotes, existiert stets eine Köpfungsprozedur, welche die Hydra veranlasst, mit ihren Köpfen eine (abgeschnittene) Hydronacci Folge zu erzeugen.

Beweis. Ohne Beschränkung der Allgemeinheit kann stets die Existenz zweier aufeinander folgenden Hydronacci Zahlen H_{j-1} und H_j gezeigt werden, für die $H_{j-1} \leq y < H_j$ gilt. Herakles sollte nunmehr $H_j - y$ Köpfe enthaupten. Die Anzahl $y - (H_j - y)$ der unversehrten Köpfe ist stets nichtnegativ, da

$$y - (H_j - y) \geq 2H_{j-1} - H_j = 2H_{j-1} - (H_{j-1} + H_{j-2}) = H_{j-1} - H_{j-2} \geq 0$$

Nach diesem Streich wird die Hydra über $2(H_j - y) + [y - (H_j - y)] = H_j$ Köpfe verfügen. Die weitere Vorgangsweise folgt dem in der Definition der Hydronaccizahlen angeregten Enthauptungsschema für eine Hydra, die über H_j Köpfe verfügt.

Schlussfolgerung. Hat sich Herakles tatsächlich auf diese verallgemeinerte Köpfungsprozedur eingelassen? Bild 8 zeugt von der heiligen Besessenheit mit der Hydra und Herakles den Hydronacci-Zahlenraum zum höheren Ruhm der Mathematik (bis ans Ende aller Zeiten) erweitern. Iolaos, der für dies alles die Verantwortung trug, emigrierte nach Samos und änderte seinen Namen in Pythagoras. Aber das ist eine andere Geschichte.

9 Odysseus zieht in den Krieg

2.3 Der Wahnsinn des Odysseus

> itaque cum sciret ad se oratores venturos insaniam simulans pileum sumpsit et equum cum bove iunxit ad aratrum. quem Palamedes ut vidit sensit simulare atque Telemachum filium eius cunis sublatum aratro ei[us] subiecit...
>
> *Fabula XCV.*
> Hyginus ⟨Mythographus⟩

An einem kalten Herbsttag des Jahres 1260 v.Chr. lenkten kräftige Ruderschläge ein mykenisches Kriegsschiff in den entvölkerten Hafen Phorkys der Insel Ithaka. In Bronze und Leder gepanzert, betrat Großkönig Agamemnon das Eiland. Ihm zur Seite schritt Palamedes, des Nauplios' kluger Sohn, den die Achäer mit Recht als Erfinder der Buchstaben, Würfel und Brettspiele preisen.

Die Hafenmeisterei schien verlassen; vor dem unbemannten Verschlag der Schildwache paradierten Schafe auf und ab. Der Atride war wohl auf einen derartigen Empfang nicht vorbereitet gewesen. Um Rat heischend, blickte er zu seinem gewappneten Gefährten hinüber, worauf jener – ein Freund der klaren und freien Rede – die Zügel seiner Zunge löste:

»Dies also«, hub an Palamedes im wirbelnden Takt der Daktylen,
»ist Ithakas kärglicher Felsen, die Heimstatt des Helden Odysseus.
Welch Glück diesen Gau zu verlassen, der Armut Gestade zu meiden,
In Trojas Geviert zu erringen des Ruhmes unsterblichen Kranz.
Was einstmals der Freier gelobet, soll nunmehr in Ehren er halten,
Zur Pflicht wird Helenens Befreiung durch uns'ren Gestellungsbefehl.«

Bei aller Vorliebe, die die Achäer – zumindest in ihren Epen – für die Kunst des Verseschmiedens offenbarten, war die Situation wohl zu verfahren, um Agamemnon noch weitere zweihebige Senkungen zuzumuten.

Paris hatte die schöne Helena – eine Claudia Schiffer der Antike – nach Troja entführt. Diese freche Besitzstörung konnte sich ihr gehörnter Gemahl nicht gefallen lassen. Und da einstmals die Freier um die Hand der Schönsten den feierlichen Eid abzulegen hatten, dass sie dem Auserwählten beistehen würden, wenn jemand ihm die Frau streitig machen wolle, hatte sich in kürzester Zeit ein erkleckliches Aufgebot für den Rachefeldzug zusammengefunden.

Nur wenige schienen den Ruf zu den Waffen überhören zu wollen. Einer der Wenigen, Odysseus, ließ gar drei dringliche Botschaften des achäischen Generalstabes unbeantwortet.

Gerüchten zufolge, hatte ihm das Orakel von Delphi für den Fall seiner Kriegsteilnahme einen zwanzigjährigen Aufenthalt in der Fremde prophezeit. Nun war Agamemnon, seines Zeichens designierter Feldherr, in Ithaka gelandet, um den Wehrpflichtigen höchstpersönlich von der allgemeinen Mobilmachung in Kenntnis zu setzen.

Die mykenische Abordnung fand die Insel in einem desolaten Zustand vor. Ein besonderer Jahrgang verdarb ungelesen in den Weinbergen; der Königspalast auf dem Berge Aetos beherbergte nur das Gesinde. Beim Abstieg längs des westlichen Abhanges kam den Bewaffneten, tränenaufgelöst und ihren Säugling Telemachos in den Armen haltend, Penelope des Odysseus Gespons entgegen.

»Wo ist dein Mann, Weib?«, herrschte Agamemnon sie an. Ithakas Königin wies ihm erhobenen Hauptes den Weg zu einem einsamen Strand, woselbst eine kräftige Gestalt in ungleichmäßigen Mäanderlinien den lockeren Sand durchfurchte. Pferd und Ochse waren vor dem Pflug gespannt; der Pflüger trug einen spitzen Hut und säte unablässig Salz aus. Es war Odysseus, den die Götter offensichtlich mit Wahnsinn geschlagen hatten.

»Untauglich zum Dienst mit der Waffe«, bemerkte Agamemnon gequält. Da ergriff Palamedes den Säugling und legte ihn vor die Pflugschar in den Sand. Würde Odysseus wohl die Furche durch seinen Sohn hindurch ziehen?

Das spieltheoretische Modell

Ohne den eher melodramatischen Geschehnissen weiter vorgreifen zu wollen, ist es nun an der Zeit, spieltheoretische Überlegungen anzustellen. Man kann das Dilemma des Odysseus mit Hilfe des auf der gegenüberliegenden Seite abgebildeten Spielbaumes deuten.

Die mykenische Partei wird durch Palamedes repräsentiert. Seine Widerparte sind Odysseus der Simulant und Odysseus der Wahnsinnige. Die genaue Information, mit welchem dieser beiden er es in Wirklichkeit zu tun hat, geht Palamedes gleich zu Spielbeginn ab. Er weiß jedoch, dass Moira gemäß einer vorgegebenen *a priori*-Verteilung seinen Gegenspieler erwürfelt.

Hat das Schicksal entschieden, so erhält Odysseus die Gelegenheit sein erstes Signal abzusetzen. Er kann sich, unabhängig von seinem erwürfelten Typus, entweder jeder Äußerung enthalten: Strategie $\bar{\mathbf{w}}$ oder, wahlweise, als Wahnsinniger aufführen: Strategie $\mathbf{w}$.

Danach ist Palamedes am Zug. Wurde ihm nichts signalisiert, so entscheidet er zwischen Verzicht und Einberufung: Strategien $\mathbf{v}$ und $\mathbf{e}$. Empfing er hingegen das Signal Wahnsinn, so wird er entweder auf Odysseus verzichten: Strategie $\mathbf{v}$ oder Telemach ins Spiel bringen: Strategie $\mathbf{t}$.

In diesem letzteren Fall erfährt das Spiel eine dramatische Wende. Odysseus wird zur Abgabe eines neuen Signals gezwungen. Er kann Telemachos opfern: Strategie **o** oder schonen: Strategie **s**. Palamedes wird schließlich entweder mit Einberufung oder mit Verzicht reagieren.

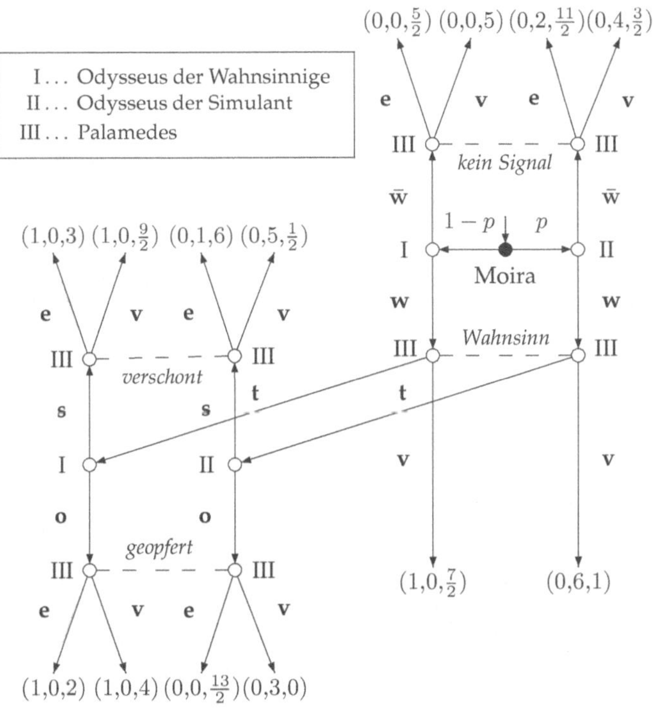

Der Spielbaum der Moiren

Die Auszahlungen der drei Spieler im Spielbaum bilden hierbei deren Präferenzen über die jeweils zu erreichenden Spielausgänge ab.

So bewertet beispielsweise der Simulant eine erfolgreiche Täuschung seines Kontrahenten dann am höchsten, wenn Palamedes auf die Durchführung des Telemach-Testes verzichtet. Die geglückte Täuschung bei gleichzeitig erfolgter Verschonung seines Sprösslings erreicht die zweitbeste Auszahlung. Ein bis zur letzten Konsequenz Simulierender muss schlussendlich für den Fall seiner Einberufung mit dem geringsten Wert rechnen.

Dem Wahnsinnigen dagegen ist (im wahren Wortsinn) alles eins; nur der Verstellung kann er keinen Nutzen abgewinnen. Palamedes gibt seinerseits vor allem denjenigen Spielausgängen den Vorzug, die für den Simulanten zutiefst demütigend sind. Er ist sodann eher bereit, einen Wahnsinnigen einzuberufen (Berserker-Effekt?), als auf einen Simulanten zu verzichten.

Telemach wird verschont

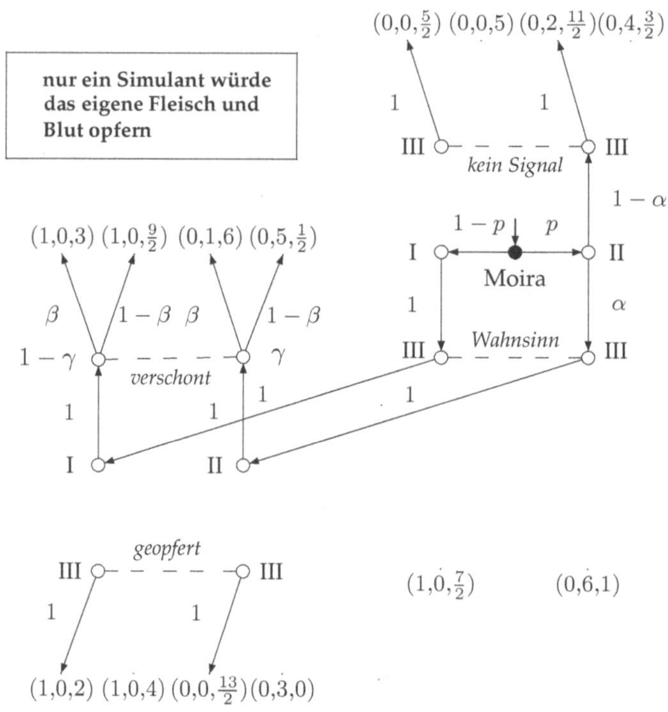

Telemach wird verschont

Ein mögliches Szenario im Odysseus Spiel lässt sich im obigen Bild verfolgen. Der Wahnsinnige gibt mit Wahrscheinlichkeit 1, der Simulant hingegen mit (noch unbekannter) Wahrscheinlichkeit α das Signal Wahnsinn ab.

In Abhängigkeit von diesem (vermuteten) Verhalten steht die beste Reaktionsweise des Palamedes im Informationsbezirk *kein Signal* fest. Seiner Vermutung nach befindet er sich (mit Wahrscheinlichkeit 1) im rechten Entscheidungsknoten. Somit wird er (den Simulanten) Odysseus wohl mit Wahrscheinlichkeit 1 einberufen. Was passiert hingegen im Informationsbezirk *Wahnsinn*?

Die Wahrscheinlichkeit, dass er erreicht wird, ist $\alpha p + (1 - p)$. Palamedes schätzt nun die Wahrscheinlichkeit, es mit dem Simulanten zu tun zu bekommen, als $\gamma = \alpha p / [\alpha p + (1 - p)]$ ein. Diese Schätzung würde auch für den Informationsbezirk *verschont* gelten, falls wir annehmen, dass sich Palamedes mit Wahrscheinlichkeit 1 für die Durchführung des Telemach-Testes entscheidet und beide Typen mit der gleichen Wahrscheinlichkeit 1 Telemach verschonen.

Wie wird schließlich Palamedes im Bezirk *verschont* reagieren? Wir können durchaus seine unbekannte Verhaltensstrategie, die ihn mit der Wahrscheinlichkeit β nach dem Einberufungsbefehl für Odysseus greifen lässt, aus dem Verhalten des Simulanten bestimmen. Da Odysseus der Simulant in seinem ersten Entscheidungsknoten zwischen den ihm zur Verfügung stehenden Signalen indifferent ist, gilt notwendigerweise folgende Nutzengleichung:

$$\beta + 5(1 - \beta) = 2$$

Auf der linken Seite dieser Gleichung steht der Nutzen, der dem Simulanten zukommen würde, falls er das Signal Wahnsinn abgibt; auf der rechten der Nutzen, den er andernfalls erreichen würde. Man erhält demnach für β den Wert $3/4$.

Aus der Indifferenz von Palamedes im Bezirk *verschont* kann man schließlich den Wert für α berechnen. Wird Odysseus einberufen, so erreicht Palamedes den Nutzen: $3(1 - \gamma) + 6\gamma$. Bei Verzicht erhält er hingegen $9(1 - \gamma)/2 + \gamma/2$. Diese Werte stimmen genau dann überein, wenn $\alpha = 3(1 - p)/(11p)$.

Wir richten nunmehr unser Augenmerk auf den Informationsbezirk *geopfert*, der abseits des oben eingehend beschriebenen Spielverlaufes zu liegen kommt. Man könnte nun der Ansicht sein, dass des Palamedes Verhalten in diesem Bezirk überhaupt keine Rolle spielt. Welch ein Trugschluss! Würde er nämlich mit Wahrscheinlichkeit 1 auf Odysseus verzichten, so könnte der Simulant durch einen Signalwechsel einen höheren Nutzen erreichen.

Um sicherzustellen, dass Palamedes im Informationsbezirk *geopfert* auf den Einberufungsbefehl setzt, wird somit eine Mutmaßung für ihn benötigt, die im Extremfall wie folgt lauten könnte: *Nur ein Simulant würde das eigene Fleisch und Blut opfern.* Es genügt jedoch anzunehmen, dass die Wahrscheinlichkeit, mit der ein opfernder Odysseus zum Typus des Simulanten gehört, größer als $4/17$ ist.

Im Mythos wird Telemach ebenfalls verschont. Vor die Wahl gestellt, den eigenen Sohn zu opfern, hält Odysseus den Pflug an, um sich, den Säugling umsichtig aus der Furche lösend, an die ihn Umstehenden mit der klärenden Bemerkung zu wenden, dass er den Wahnsinn einfach nur vorgetäuscht.

Nur ein Simulant – so legt uns die Sage die Mutmaßung des Palamedes nahe – *würde Telemach schonen.* Dies wäre jedoch eine gefährliche Annahme. Palamedes würde sodann im Informationsbezirk *geopfert* für den Verzicht auf Odysseus plädieren. Sobald der Simulant dies mitbekommen würde, ist seine rationale Entscheidung klar wie Kloßbrühe. Schont er Telemach, so ist sein erwarteter Nutzen bekanntlich durch 2 gegeben. Opfert er hingegen Telemach, so bieten sich ihm auf Grund der geänderten Strategie des Palamedes gar 3 Nutzeneinheiten an.

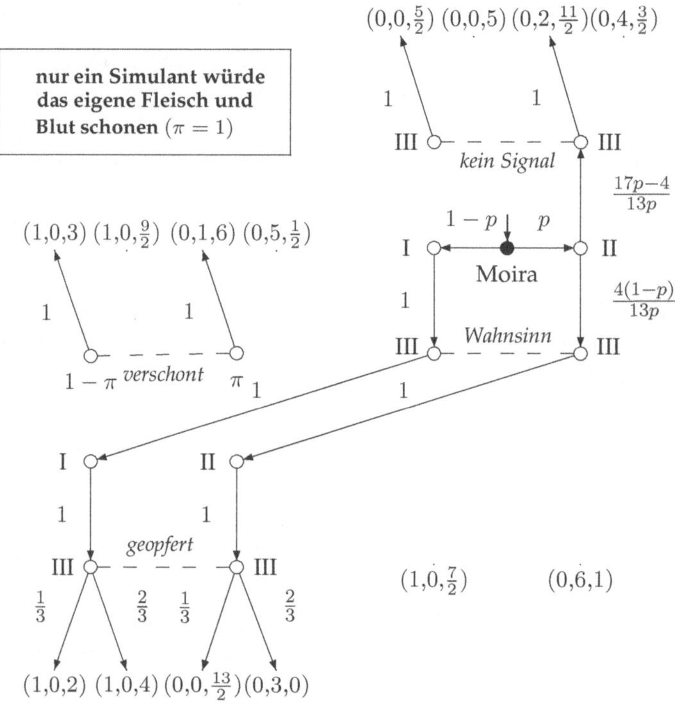

Telemach wird geopfert

Somit führt die Mutmaßung, dass nur ein Simulant den Säugling schonen würde, schnurstracks zur Opferung Telemachs, wie im obigen Bild dargestellt. Zu solchen logischen Fallstricken neigen zu wiederholten Malen die klassischen Lesarten mythologischer Situationen. Spätestens nach einem soliden Studium des Seitensprungs archaischer Mathematik ist man jedoch – gewappnet mit dem Arsenal spieltheoretischer Scholastik – gegen derartige Fehltritte gefeit.

drei

Schelmische Mathematik

Der nun folgende Seitensprung enthält zwei exemplarische Modellierungen der schelmischen Mathematik. Im ersten Modell schlüpfen Wiedergänger in die Rolle des rationalen Entscheiders, um die erneuerbare Ressource Mensch über den Zeithorizont hinweg optimal zu verwerten.

Das zweite Modell hat sich im Laufe der Jahre einen recht einsamen Ruf als originelle mathematische Satire erworben. Es handelt sich um den ehrgeizigen, jedoch augenzwinkernden, Versuch Goethes ›Faust‹ mit mathematischen Methoden zu durchleuchten. Das ursprünglich unter dem Titel ›De salvatione Fausti‹ erschienene Schelmenstück[21] wird – nach Wiedererlangen der Rechte – in diesem Kapitel maßgeblich erweitert und mit klärenden Bemerkungen versehen. In den Hinweisen zu dieser Satire (wie die übrigen Kommentare kapitelweise im Abschnitt Anmerkungen gegen Buchende versammelt) und vereinzelt auch im Haupttext tauchen manchmal fingierte Literaturzitate und scherzhafte Marginalien auf. Um sie für den gutgläubigen Leser erkenntlich zu machen, wird jeweils am Ende des entsprechenden Absatzes ein Smiley: ☺ gesetzt.

10 Auf Leben und Untod in Transsilvanien

3.1 Der Schatten der Vampire

> To the feather-fool and lobcock, the pseudo-scientist and materialist, these deeper and obscurer things must, of course, appear a grandam's tale.
>
> *The Vampire in Europe.*
> MONTAGUE SUMMERS

KEIN ANDERES MOTIV hat das (Unter-)Bewusstsein des *homo sapiens* in einem derartigen Ausmaß beschäftigt wie der makabre Mythos des Wiedergängers. Untote haben die schönen Künste mit Leben erfüllt und das Reich der bewegten Bilder erobert. Vampire und Blutsauger tummeln sich überdies in Teildisziplinen der Psychologie und Anthropologie.

Allen diesen Ansätzen haftet jedoch der Makel der Unexaktheit an. So blieb es allein der Kunst mathematischer Intuition überlassen, das Problem des Vampirismus genau zu beschreiben und adäquat zu lösen. Der wesentliche Vorteil dieses Ansatzes liegt in der Vermeidung jeglichen Kontaktes zu den schädigenden Toten und erspart somit dem wagemutigen Wissenschaftler das tragische Schicksal unzähliger Vampirologen, die sich in das bedauernswerte Objekt ihrer eigenen Studien verwandelten.

Die epochale Arbeit[22] auf dem Gebiet der mathematischen Vampirologie leitet die optimale Strategie des Blutsaugens für dynamische Vampire ab, die über unterschiedliche Nutzenfunktionen verfügen. Sie ist in der Folge, ihrem wesentlichen Gehalt nach, vereinfacht dargestellt.

Mamadracului[23] – ein isolierter transsilvanischer Weiler – lässt sich auf jeder Landkarte der Latifundien um das Schloss Dracula mühelos lokalisieren. Während die Bevölkerungszahl $h(t)$ Seelen zum Zeitpunkt t beträgt, treiben nächtens am selbigen Ort durchschnittlich $v(t)$ Vampire ihr Unwesen.

Bekanntlich wird jedermann, der von einem Vampir heimgesucht wurde – ein Vorgang, der den einschlägigen Berichten zufolge stets mit einer gegen den eigenen Willen vollzogenen Blutentnahme gekoppelt ist – ebenfalls zum Vampir. Die intensive, ökologisch-parasitäre Beziehung zwischen den beiden Spezies lässt sich somit folgendermaßen ausdrücken:

$$\frac{dv}{dt} = -av + cv; \qquad \frac{dh}{dt} = nh - cv.$$

Dabei bezeichnet n die Wachstumsrate der menschlichen Bevölkerung, a hingegen die ebenfalls als konstant anzunehmende Ausfallrate für Vampire, die durch unmittelbaren Kontakt mit Sonnenschein, Knoblauch, geweihten

Devotionalien und Vampirjägern erfolgt. Der durchschnittliche Vampir saugt Blut mit der Rate $c(t)$ zum Zeitpunkt t, wobei die korrekte Maßeinheit für den konsumierten Lebenssaft durch die mittlere Kapazität des menschlichen Körpers definiert sei.

Die dem Vampiren beim Saugen erwachsende Befriedigung, lässt sich – in Befolgung der einschlägigen Riten der Mikroökonomie – durch die Angabe einer Funktion $U(c)$ erfassen, deren Grenznutzen (d.h. erste Ableitung nach c) strikt positiv ist. Folgt man in der Einschätzung der vampirischen Nutzenpräferenz klassischen Kommentaren, so lässt sich eine einfache mathematische Typologie der Vampire aufstellen. Je nachdem ob der Nutzen, den ein Vampir aus dem Konsum zweier menschlicher Wesen ableitet, geringer, gleich oder gar größer als der zweifache Wert ist, der aus dem Verbrauch einer einzigen menschlichen Blutkonserve erzielt werden kann, unterscheidet man:

(a) den asymptotisch sättigbaren Vampir

(b) den blutmaximierenden Vampir

(c) den unersättlichen Vampir.

Unersättliche und blutmaximierende Vampire seien nun in ihrem Blutrausch durch die Angabe eines maximalen Blutsaugewertes $c_{\max}$ nach oben beschränkt. Der asymptotisch sättigbare Untote bedarf keiner derartigen Einschränkung, da seine konkave Nutzenfunktion übertriebenes Saugen als suboptimal wertet.

Durch die Einführung einer Zeitpräferenzrate r ist man nunmehr in der Lage auch künftige Mahlzeiten in Rechnung zu stellen. Der Vampir als Prototyp des vernunftbegabten Entscheiders wählt somit seine Blutsaugestrategie $c(\cdot)$ auf jene Art und Weise, die den Gegenwartswert seines Nutzenstromes

$$\int_0^\infty e^{-rt} U(c(t)) dt,$$

unter den dynamischen Nebenbedingungen

$$\begin{aligned} \frac{dv}{dt} &= -av + cv; \\ \frac{dh}{dt} &= nh - cv. \end{aligned}$$

maximiert. Negative Menschenbestände sind hierbei – und dies nicht zuletzt aus Gründen der Anschaulichkeit – tunlichst zu vermeiden.

Bezeichnet man nunmehr mit $x = h/v$ den proportionalen Anteil menschlicher Portionen pro genussbereitem Sauger, so lassen sich die dynamischen Nebenbedingungen folgendermaßen anschreiben:

$$\frac{dx}{dt} = (n + a - c)x - c.$$

Die Gesellschaft der Blutsauger steht nunmehr vor einem einschneidenden Dilemma. Einerseits erwachsen ihr laufend Nutzenwerte durch das Ausbeuten der menschlichen Population. Mit jedem Biss vermindert sich andererseits der Vorrat an Menschen; ja, es erhöht sich sogar die Anzahl der Vampire um den entsprechenden Anteil. Gegenwärtiger Genuss ist somit unausweichlich mit mageren Jahren in der Zukunft verbunden. Dies sollte somit selbst Vampiren, die Politiker sind, ohne weiteres einleuchten.

Auf den ersten oberflächlichen Blick könnte man sich nämlich durchaus verleiten lassen, den Wald-und-Wiesen Interpretationen der Dracula-Legende kritiklos zu folgen. So denkt beispielsweise K. H. Kramberg in seinem in der Süddeutschen Zeitung vom 30. April 1967 veröffentlichten Exkurs ›Zu Stokers Dracula‹ anfänglich durchaus in die richtige Richtung. Dracula – so Kramberg – sei nur deshalb nach England emigriert, weil das volksarme Transsilvanien einfach seinem Blutdurst nicht mehr genügte.

So weit, so (gerade noch) gut. Mit der folgenden Anmerkung zeigt er jedoch die Verständnisgrenzen seiner schnellschreibenden Zunft auf: ›Was Dracula an der Schwelle des XXten Jahrhunderts vorschwebt, ist angewandte Kosmopolitik der Menschensaugerei. Von der Weltmacht England getragen, hofft der transsilvanische Vampir Biss um Biss die ganze Bevölkerung des Planeten in eine Internationale der Untoten zu verwandeln.‹

Dies mag zwar durchaus treffender Feuilletonismus sein, die wesentlichen Mechanismen der vampirischen Entscheidungssituation sind hierbei jedoch gröblichst vernachlässigt worden.

Um die Hintergründe des Vampirdilemmas transparent zu machen, bedarf es letztlich der – ursprünglich für die Raumfahrt entwickelten – Theorie der Optimalsteuerung. Im Rahmen dieses Konstruktes lässt sich der Grenznutzen der Vampirsozietät für eine zusätzlich verfügbare menschliche Blutkonserve mit dem sogenannten Schattenpreis p bewerten.

Durch Maximierung der Hamiltonfunktion $H = U(c)+p(n+a-c)x$ im Sinne des Maximumprinzips von Pontrjagin gelangt man nun zu tieferen Einsichten in die notwendige Gestalt des optimalen Blutsaugeverhaltens.

Der asymptotisch sättigbare Vampir passt seine glatten Sauggewohnheiten dem jeweiligen Populationsverhältnis x an. Unterschreitet die Zeitpräferenzrate r den Wert $n + a$, dann existieren endliche stationäre Werte x^∞ und c^∞, die das Systemverhalten wie folgt bestimmen.

Ist der Anfangsbestand an Menschen im Verhältnis zur Untotenanzahl hoch (sprich größer als x^∞), so schöpfen die Vampire den Rahm bis zur stationären Schwelle ab. Andernfalls erlaubt ihr Konsumverhalten die Regeneration der Menschenbestände und das Erreichen des Schwellwertes.

Überschreitet hingegen r den Wert $n+a$, ist die Menschheit dem Untergang geweiht.

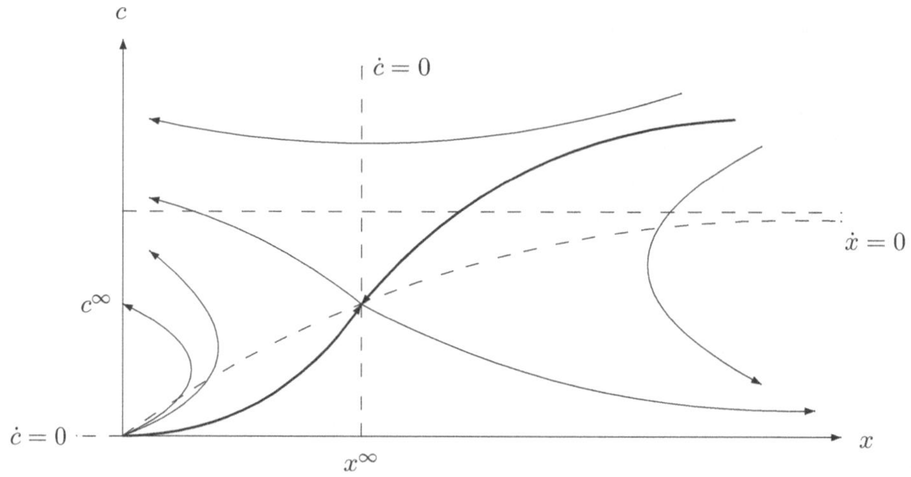

Qualitative Analyse für $n + a > r$

Blutmaximierender und unersättlicher Vampir weisen für den Fall einer zu großen Zeitpräferenz das gleiche Verhalten wie der asymptotisch sättigbare auf. Bei einer niedrigen Diskontrate wird der Blutmaximierer versuchen, die Schwelle x^∞ (entweder durch Abstinenz oder durch Maximalkonsum) so schnell wie möglich zu erreichen, um sich sodann auf den stationären Verbrauch von c^∞ einzupendeln.

Die zuletzt beschriebene Situation bietet eine mögliche Erklärung für die seit einem halben Jahrhundert beobachtete Absenz vampirischer Vorfälle in Transsilvanien. Mit Schrecken weisen wir auf den zukünftigen Zeitpunkt hin, in dem der Schwellwert x^∞ erreicht werden wird. Transsilvanien wird unserer prophetischen Worte noch gedenken!

Wie verhält sich nun der unersättliche Wiedergänger? Das Schicksal scheint es nicht gut mit ihm zu meinen, da er über keine optimale Strategie verfügt. Nichtsdestotrotz kann man ihm den suboptimalen Ratschlag erteilen, sich anfänglich wie ein blutmaximierender Vampir zu verhalten und ab dem Augenblick des Erreichens von x^∞ ständig und in rasender Eile zwischen $c = 0$ und $c_{\max}$ hin und her zu pendeln.

Bei all dem Wagemut, der nötig schien, das wissenschaftliche Neuland der mathematischen Vampirologie schutzlos zu betreten, hätten wir[24] es im Traum nicht gewagt, unsere Claims abzustecken, wenn es uns bloß gelungen wäre, die Richtung aus der die tatsächliche Gefahr drohte, im Vorhinein richtig einzuschätzen.

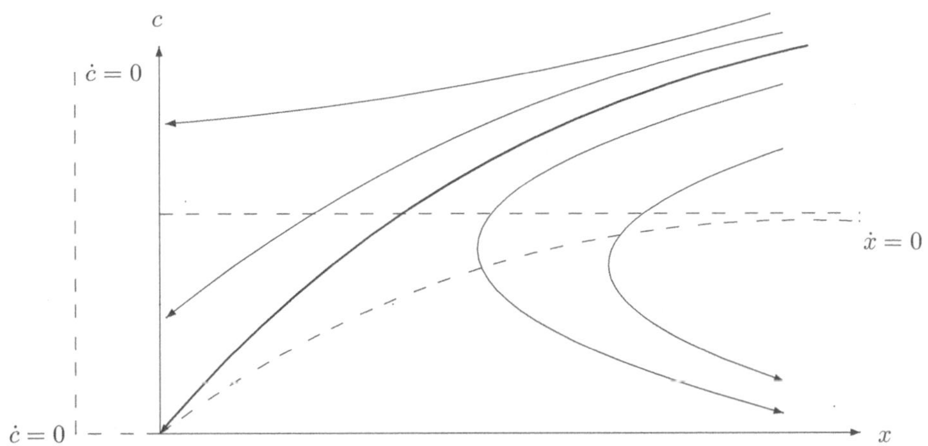

Qualitative Analyse für $n + a < r$

Gemäß den Regeln des *publish or perish*, die – bei all ihrer aufmunternden Wirkung auf Selbstmord- und Publikationsraten – die Insassen des Elfenbeinturms in eine wieselnde Bande erfolgsgeiler Handlungsreisender verwandelten, hatten wir durch dramaturgisch geschickt platzierte Konferenzauftritte das Feld wissenschaftlicher Innovationen beackert; das Transsilvanische Problem erneuerbarer Ressourcen war, wenn schon nicht in aller Munde, bereits auf dem Weg in die ewige Bestenliste akademisch anspruchsvoller Schülerstreiche. Die Fortsetzungsarbeiten waren in groben Umrissen geplant; wir träumten von Vampiren mit konvex-konkaver Sucht nach Leckerbissen[25] und entwarfen danach in erweiterbar letzter Konsequenz periodische[26] Blutsauge-Zyklen.

Da traf uns, unvorbereitet, aus dem verlegerischen Off eines makroökonomischen Journals der tückische Dolchstoß eines Kollegen. Wir wollen denjenigen ja nicht nennen, um ihn nicht zu desavouieren, aber, Dennis, was hast du dir eigentlich dabei[27] gedacht?

Der Anstand würde es wohl gebieten, in bewundernswerter und gleichzeitig übermenschlicher Objektivität, den Ergebnissen seines Pamphlets Tribut zu zollen. Doch was ist schon der Anstand gemessen an der weitaus menschlicheren Kategorie des gekränkten Stolzes?

Snower – denn so nannten wir Dennis hinfort – hatte die Voraussetzungen unseres Modells in deren Gegenteil verkehrt. Die Menschen wurden nunmehr in die Lage versetzt, den Bestand an Vampiren mittels primitiver Produktion zugespitzter Holzpflöcke zu regeln. Die inflationäre Abundanz an Pfählen verminderte jedoch gleichzeitig nicht nur die Anzahl der Vampire, sondern auch die menschliche Wohlfahrt, da insgesamt weit weniger Konsumartikel erzeugt werden konnten; der Einfluss auf die zukünftige Wohlfahrt sollte jedoch dabei durchaus positive Impulse zeitigen.

Die vollständige Vernichtung der Vampire erwies sich in Snowers Gedankengebäude als suboptimal und somit als ökonomisch nicht wünschenswert. Seine bedenkliche Argumentation fußte nämlich auf den gleichen Grundmustern der Theorie optimaler Steuerung, die uns beim Transsilvanischen Dilemma schon treue Dienste geleistet. Er sprach im blumigen Kauderwelsch der Mathematik von Hamilton'schen Funktionen, sogar von (Optimalitäts-)Bedingungen erster Ordnung, meidete jedoch, wie der Wiedergänger die Zehe im Knoblauchkranz, den zentralen Begriff des Schattenpreises für Vampire, indem er ihn – allen ökonomischen Gepflogenheiten zum Trotz – ständig als Kozustand titulierte.

Und hier lag offensichtlich auch die Achillesferse seines Modells verborgen – welch lohnendes Ziel für die traditionell als wissenschaftliche Anmerkungen getarnten Giftpfeile akademischer Mitbewerber.

Wir machten uns ans Werk und übermittelten in Wochenfrist unter dem launigen Titel ›The Vampire strikes back‹ unsere Entgegnung an das *Journal of Political Economy*. Über die sich daran anschließende Korrespondenz mit dem verzweifelt mauernden Herausgeber sollte man gnädig den Umhang des Schweigens ausbreiten. Unter Umständen hätte ihn das folgende Epigramm eher dazu veranlasst, der mathematischen Vampirologie dasjenige Mindestmaß an Gerechtigkeit widerfahren zu lassen, das es sich zweifellos verdient hat:

Epigramm an einen Epigonen

Vergeblich suchst du, Snower, den Vergleich!
Den Menschen ist kein Steuerwert beschieden,
Der optimal Vampire macht zur Leich'
Und ihrer Seele gibt den ew'gen Frieden.

Und glänzest du auch auf Pontrjagins Weis'
Im Abklatsch dessen, was wir längst schon hatten,
Bestimmst vergeblich du den Schattenpreis;
Vampire haben nämlich keinen Schatten!

11 Faust

3.2 Keine Faustregel für Mephisto

> Allerdings ist die Rettung des Goethe'schen Faust eine harte Nuss, an der die Gelehrten seit 1832 knacken; oft sehr gewaltsam und zuweilen am Kern vorbei ...
>
> *ABC um Faust.*
> GÜNTHER MAHAL

WAS AUCH IMMER der wissenschaftlichen Faust-Literatur nachgesagt werden mag, sie hat zahlreichen Generationen bemühter Forscher Brot und Spiele gegeben.

Aus dem Füllhorn relevanter Beiträge ragt vor allem eine ungewöhnliche Arbeit hervor. Es ist dies der in *Rev. Spagh. Occid.*[28] erschienene epochemachende Beitrag Hill & Spencer (1976), von dem uns jedoch bedauerlicherweise nur der kryptische Titel ›Vier Fäuste für ein Halleluja‹ erhalten geblieben ist.

Was wollen uns die beiden italienischen Germanisten hiermit offenbaren? Haben wir es mit einer typographischen Entgleisung zu tun? Vier Hallelujas für Faust würde ja an sich weitaus vernünftiger klingen. Nein, nichts von alledem. Hill & Spencer scheinen einen durchaus pragmatischen Ansatz im Sinne gehabt zu haben.

Wer sind nun tatsächlich diese ominösen[29] vier Fäuste? Sind es gar, wie es der ostfriesische (an der Water-)Kant Otto Waalkes so treffend ausgedrückt hat, vier alle? Die historische Faustforschung liefert uns nur zwei kümmerliche Namen: *Georg Faustus von Helmstadt* und *Johann Faustus von Knittlingen.*

Beim dritten Faust kann es sich wohl laut W. Escepol, T. Skanes & G. Gineua[30] nur um *Jan Henryk Pan Twardowski von Krakow* handeln. Die Suche nach einem vierten Faust bringt uns jedoch in beträchtliche Schwierigkeiten. Rätsel über Rätsel und uns steht leider kein treuer Eckermann zur Seite, um sie zu klären.

Das Halleluja hingegen scheint absolut keine Fragen aufzuwerfen. Es bezieht sich in umkehrbar eindeutiger Weise auf die Rettung Faustens gegen Schluss der Goethe'schen Tragödienfassung, wohl die größte Plausibilitätshürde der deutschsprachigen Literaturwissenschaft.

Sämtliche Versuche diesen logischen Sprung in der dramatischen Spielführung durch Argumente moraltheologischer, sophistischer, ja sogar (*horribile dictu*) formaljuridischer Provenienz zu beseitigen, waren schon von vornherein zum Scheitern verurteilt. Es ist somit kaum verwunderlich, dass die als Zitat angeführte Einschätzung des Faustforschers Günther Mahal jeden aufrechten Germanisten noch immer direkt ins Mark trifft.

Den verzweifelnden Liebhabern Goethes kann jedoch neuerdings geholfen werden. Die Lösbarkeit des anstehenden Rationalitätsproblems ist nämlich eine rein mathematische Frage, ja noch vielmehr eine Angelegenheit des Operations Research. Muss nicht ein *magus secundus* vom Schlage eines Faust die geheimen Mysterien der Zahlen zur Gänze erfasst und über höhere Kenntnisse in Euklid'scher Geometrie verfügt haben, um Höllenzwang,[31] Pentagramm und magischen Kreis[32] ohne Gefährdung der eigenen Person applizieren zu können? Und ist etwa die Spieltheorie[33] kein Werk der Hölle?

Dessen ungeachtet bedient sich unser Modell jungehrwürdiger Methoden des Operations Research, die Mephisto auf anschauliche Weise mit Beelzebul[34] austreiben. Die mathematische Formulierung ist weitgehend Goethes Version des Fauststoffes angepasst, um Faustens Rettung durch die Dynamik eines nichtantagonistischen[35] Spiels erklären zu können.

Eine geschickte Parameterauswahl befähigt dieses vordergründig einfach scheinende Modell, vielschichtige Eingriffe in die Struktur anderer Bearbeitungen des Fauststoffes durchzuführen.

Bei all unserem Bemühen bleibt wohl I. Ciort und S. Babuschka[36] – ein überragender Beitrag zur Faust-Interpretation – unerreicht. Für die Autoren ist Faust ein Kosmopolit *par excellence*, Speichellecker der Feudal-Bourgeoisie und Agent des Vatikans(!). Er verrät die Interessen der Bauern- und noch nicht vorhandenen Arbeiterklasse, indem er sich (praktisch) mit Leib und Seele der Konterrevolution verschreibt. Seine Rettung wird nur durch die Weihen eines stalinistischen Schauprozesses ermöglicht.

The Truth about Hell

Hier wittert's nach der Hexenküche

Faust 2, i, 6229.
J. W. von Goethe

Als maßgebliche Quelle der Marlow'schen und Goethe'schen Tragödienfassung kann wohl mit einiger Berechtigung der Bestseller ›Historia von D. Johann Fausten‹ aus dem Jahre 1587 angesehen werden. Diese reißerische Story vom deutschen Teufelsbündner, der seine Seele im Austausch für Wissen und Macht dem Versucher übereignet, hat es im Zuge einiger Jahrzehnte fertiggebracht, den historischen – von seinen Zeitgenossen noch gnadenlos als Rosstäuscher titulierten – Faust ein posthumes Ansehen zu verschaffen, das gar Gestalten wie Merlin, Albertus Magnus oder Roger Bacon auf die Reservebank prominenter Magier verweist.

Doch selbst dieser beträchtliche Zugewinn an magischer Reputation scheint eher bescheiden, wenn man ihn mit dem Karrieresprung vergleicht, den Fausts Widersacher zwischenzeitlich vollzogen. Vom simplen *familiares* – einem dienstbaren bösen Geist – , der nach vollzogener Unterzeichnung des Teufelspaktes nur Handlungen setzt, um Faust von der Reue abzubringen (Marlowe), reift Mephisto in Goethes ›Faust‹ zu einem durchtriebenen und altklugen Dämon der oberen höllischen Zehntausend heran.

In den ›Historia‹ weist Johann Fausten durch seine Behauptung, der Teufel habe in der Hölle den Vertrag bestätigen lassen müssen, offensichtlich darauf hin, dass die Hölle eine nach kapitalistischen[37] Gesichtspunkten ausgerichtete Institution sei. Dieser Aspekt verschwindet scheinbar in den späteren Bearbeitungen des Faust-Stoffes. Haben wir es dabei mit einem Tabu der modernen Höllenforschung zu tun?

M. Fistel, der als Walraff der Hölle bezeichnete Enthöllungsjournalist (kein Druckfehler!), gibt in seinem epochalen Beitrag ›Faustpfand Seele‹ (aus: Die Hölle als Dienstleistungsunternehmen, herausgegeb. von A. Belz & C. Buhl, Wiesbaden, Teufels-Gabler, 1966 ☺) eine eindringliche Beschreibung der mehr als infernalischen Arbeitsbedingungen für Seeleneinkäufer. Wohl nicht allein unter diesem Gesichtspunkt gewinnt der gebräuchliche Terminus ›armer Teufel‹ eine eindeutig sozialkritische Dimension.

Für Zeitgenossen, denen jegliche Vorstellung von der Existenz einer Hölle existenzielle Blähungen verursacht, bietet der Konflikt zwischen den Dämonen des Individualismus und den Engeln der Humanität einen moderneren Ansatz zum Verständnis des Faustmotivs. Im vorigen Jahrhundert haben die großen Diktaturen es wohl verstanden, das Faustmotiv als Metapher für die Schöpfung eines ›neuen Menschen‹ zu missbrauchen. Als Reaktion diesen zweifelhaften Manipulationen gegenüber haben zwei außergewöhnliche Schriftsteller ihre Faustanalogien entwickelt.

In Thomas Manns ›Doctor Faustus‹ zeichnet der vom Tonsetzer Adrian Leverkühn eingegangene Pakt mit dem Teufel Deutschlands Schicksal und Fall vom Höhepunkt einer humanistischen Kultur hinab in die Hölle des kollektiven Wahns nach.

In der zweiten modernen Variante der Faust Parabel – Michail Bulgakovs ›Meister und Margarita‹ – werden die Rollen der Protagonisten auf groteske und seltsame Weise verändert. Der Meister – Bulgakovs Faust und gleichzeitig als Schriftsteller sein *alter ego* – wird, wegen der Weigerung einen Teufelspakt mit der hypokritischen Gesellschaft einzugehen, gedemütigt und ins Irrenhaus getrieben. Um ihn zu rächen, geht nun ihrerseits Margarita einen Teufelspakt ein. Ihr Widersacher und Alliierter Voland (in Goethes Faust Mephistos Walpurgisnachtpseudonym) ist letztlich der einzige Retter des Individualismus vor den Gefahren eines barbarischen Kollektivs.

Doch welches Bedeutungsgeflecht kann letztlich der Mensch unserer Tage aus dem Faustmythos gewinnen? Das urprünglich in den Litzelstetter Libellen (die satirisch-wissenschaftliche Reihe des Ekkehard Faude Verlages) erschienene Bändchen ›De salvatione Fausti‹, dem beinahe eine doppelte Dekade im grellen jedoch undankbaren Licht der Druckerschwärze beschieden war, schaffte es sogar – durch eine in unverständlichem Portugiesisch abgefasste Zusammenfassung[38] – Faust einer modernen lateinamerikanischen Rezeption zugänglich zu machen.

Der systematische Faust

> Die Mathematiker sind eine Art Franzosen. Redet man zu ihnen, so übersetzen sie es in ihre Sprache und dann ist es alsobald ganz etwas anderes.
>
> *Maximen und Reflexionen.*
> J. W. von Goethe

Der aus mathematischer Sicht zentrale Konflikt in Goethes ›Faust‹ ist der Teufelspakt. Während uns zahlreiche Erzählungen der Folklore eher die erfolgreichen Schliche nahebringen, mit deren Hilfe man den Teufel hereinlegen kann, steht bei Goethe, wie übrigens auch bei Marlowe, vor allem der komplexe Ablauf eines Widerstreites zwischen menschlichem Stolz und teuflischer Intelligenz im Mittelpunkt der dramatischen Entwicklung.

Das ursprüngliche Faustmotiv geht von einem auf begrenzte Zeit, sprich T Jahre, abgeschlossenen Teufelspakt zwischen Seelenfischer und Altakademiker aus. Bei Goethen erfährt der durch magische Exerzitien herbeigeführte Pakt eine Umwandlung in eine Wette, deren wesentliches Kriterium wie folgt lautet:

> *Werd ich zum Augenblicke sagen:*
> *Verweile doch! du bist so schön!*
> *Dann magst du mich in Fesseln schlagen,*
> *Dann will ich gern zugrunde gehn!*
> Faust 1, *ii*, Zeilen 1699–1702.

Es handelt sich dabei um einen zufälligen Zeitpunkt, dessen Eintreten von beiden Kontrahenten in Form eher subjektiver Wahrscheinlichkeitsverteilungen $x_i(t)$, $i = 1, 2$, verschieden bewertet wird. So bezeichnet zum Beispiel $1 - x_1(t)$ die Wahrscheinlichkeit, dass die Wette, aus Mephistos Sicht, zum Zeitpunkt t noch im Gange ist.

Mephisto vermutet, dass dieser ominöse ›höchste Augenblick‹ nur durch verführerische Machinationen herbeizitiert werden kann:

Ein solcher Auftrag schreckt mich nicht
Mit solchen Schätzen kann ich dienen;
Faust 1, *ii*, Zeilen 1688-1689.

und schätzt dieses durchaus erfreuliche Risiko als jeweils direkt proportional zur momentanen Verführungsintensität $u_1(t)$ ein, d.h.

$$\dot{x}_1 = \frac{dx_1}{dt} = c_1 u_1 (1 - x_1),$$

wobei c_1 konstant und die Anfangswertbedingung durch $x_1(0) = 0$ gegeben ist.

Faust hingegen, bezweifelt Mephistos Sicht:

Was willst du armer Teufel geben?
Ward eines Menschen Geist, in seinem hohen Streben,
Von deinesgleichen je gefaßt?
Faust 1, *ii*, Zeilen 1675-1677.

Er ist sich bewusst, dass der entscheidende Augenblick nur durch (tätige) Reue erreicht werden kann, d.h. in spiegelbildlicher Umkehrung des teuflischen Formelwerks

$$\dot{x}_2 = \frac{dx_2}{dt} = c_2 u_2 (1 - x_2),$$

wobei c_2 eine Konstante, die Anfangswertbedingung durch $x_2(0) = 0$ gegeben und $u_2(t)$ die momentane Reue ist.

Mephistos erwarteter Nutzen

$$J_1 = \int_0^T [v\dot{x}_1 - (d_1 u_1^2 + d_2 u_2)(1 - x_1)]dt$$

besteht aus zwei Komponenten – jede mit der Wahrscheinlichkeit des sie bedingenden Ereignisses gewichtet. Falls er zum Zeitpunkt t die Wette gewinnt, erhält Mephisto den Gegenwert v für Faustens Seele,

Mir ist ein großer, einziger Schatz entwendet:
Die hohe Seele, die sich mir verpfändet;
Faust 2, *ii*, Zeilen 11828-11829.

Ist der höchste Augenblick noch nicht erreicht, so muss der arme Teufel mit einem quadratischen Aufwand $d_1 u_1^2$

Ein großer Aufwand, schmählich! ist vertan;
Faust 2, *v*, Zeile 11837.

und dem ihm aus Faustens Reue entstandenen Disnutzen $d_2 u_2$ rechnen.

Im Gegensatz zu Mephisto verknüpft Faust keinerlei Erwartungen an das Jenseits:

Das Drüben kann mich wenig kümmern;
Faust 1, *ii*, Zeile 1660.

Aus Freud'scher Sicht[39] und Goethe'scher Deutung

Zwei Seelen wohnen, ach, in meiner Brust,
Faust 1, *i*. Vor dem Tore.

lassen sich Motivation und Komponenten des zweiten Zielfunktionals

$$J_2 = \int_0^T [g_1 u_1(\bar{u} - u_1) + g_2 u_2(2u_1 - u_2)](1 - x_2)dt$$

den verschiedenen Schichten der faustischen Seele zuordnen. Das hedonistische *Es* bezieht den konkaven Nutzen $g_1 u_1(\bar{u} - u_1)$ aus der momentanen Verführung, wobei $\bar{u}$ für die natürliche Schranke seiner libidinösen Bedürfnisse steht. Das moralische *Überich* kann maximal die momentane Verführung bereuen, was unmittelbar aus der Gestalt des zweiten Nutzenterms $g_2 u_1(2u_1 - u_2)$ abzuleiten ist.

Die experimentelle Suche nach Goethes ›Faust‹

Dem urfäustlichen Modell von Mehlmann & Willing[40] kann bei allem Respekt vor der Pionierleistung eine gewisse lobenswerte Naivität nicht abgesprochen werden. Verführung und Reue – die Aktionen der beiden Spieler – erfolgen dort nämlich simultan. Nun ist ja gerade die Dominanzfrage,[41] die sich im Hinblick auf das Verhältnis Faust-Mephisto stellt, nicht eindeutig geklärt. Eine allzu worttreue Studie des Originals legt eine handlungsbestimmende Superiorität Faustens nahe, die sich nach Wettverlust ins Gegenteil verkehren würde:

Ich will mich hier zu deinem Dienst verbinden,
Auf deinen Wink nicht rasten und nicht ruhn;
Wenn wir uns drüben wiederfinden,
So sollst du mir das gleiche tun.
Faust 1, *ii*, Zeilen 1656-1659.

Dieses Argument verliert jedoch nicht zuletzt auf Grund der eigentümlichen Passivität Faustens an Gewicht. Nach logischer Reduktion der Handlungsabfolge würde überdies folgende atomistische Hierarchie entstehen: Faustens Wink, Mephistos Aktion und Faustens Reaktion. Da dies deutlich nach Mehrarbeit klingt, soll der simultanen Spielweise in der Folge der Vorzug gegeben werden.

Definiert man für beide Spieler jeweils zeitabhängige Kozustände μ_{ij} für $i, j = 1, 2$ als Bewertung der Spielstände x_i über den Zeitenlauf, so kann man für jeden Zeitpunkt t folgende unendliche Schar statischer Spielsituationen bilden:

$$\max_{u_1}\{v\dot{x}_1 - (d_1u_1^2 + d_2u_2)(1 - x_1) + \mu_{11}\dot{x}_1 + \mu_{12}\dot{x}_2\}$$
$$\max_{u_2}\{[g_1u_1(\bar{u} - u_1) + g_2u_2(2u_1 - u_2)]\,(1 - x_2) + \mu_{21}\dot{x}_1 + \mu_{22}\dot{x}_2\}$$

Eine optimale Konditionierung lässt Faust auf jeden Happen u_1 gemäß

$$\hat{u}_2 = u_1 + \frac{\mu_{22}c_2}{2g_2}.$$

reagieren.

Lässt sich Mephisto auf ein simultanes Spiel gegen Faust ein, so lautet seine beste Antwort:

$$\hat{u}_1 = \frac{c_1(v + \mu_{11})}{2d_1}.$$

Der Spielausgang wird nach einigen mathematischen Manipulationen als ein System gewöhnlicher Differentialgleichungen in den Variablen u_i festgelegt. Man erhält mit $d := d_2/d_1$ und $g := g_1/g_2$

$$\frac{du_1}{dt} = \frac{c_1}{2}(u_1^2 - du_2);$$
$$\frac{du_2}{dt} = \frac{c_2}{2}u_2^2 - \frac{c_1}{2}du_2 + \left(\frac{c_1}{2} - \frac{c_2}{2}g\right)u_1^2 + \frac{c_2}{2}g\bar{u}u_1,$$

unter der gemeinsamen Endbedingung $u_i(T) = (vc_1 - d_2)/(2d_1)$.

Diese prosaischen Gleichungen enthalten – bei angenommener Variation der Parameter c_i, d_i, g_i und v – sämtliche geschriebenen und ungeschriebenen Fassungen des Fauststoffes.

In der Mehrzahl der Fälle wird jedoch der Spielverlauf in unzulässige Regionen verlagert. Aus literarischer Sicht dürfte es sich in diesen Fällen um literarische Ausschussware handeln. Man hätte es durch die Bank mit einem heiligen Mephisto und einem durch und durch verdorbenen Faust zu tun, die mit negativer Verführung und bei negativer Reue dramaturgisch erstaunliche Akzente setzen würden.

Unmittelbare Aussagen zu einem vernünftigen Ausgang der Teufelswette lassen sich unter den von Mehlmann und Willing in ihrem mathematischen Urfaust festgelegten Voraussetzungen direkt ableiten, falls man bereit ist, sich den methodischen Untiefen einer Kurvendiskussion auszuliefern. Man landet schließlich bei einer akribischen Feststellung der Anzahl von Schnittpunkten einer Parabel mit einem beliebigen anderen Kegelschnitt.

Faust-Mephistophelisches Konsistenztheorem

1. *Je mehr die Reue Mephisto irritiert, und je höher er die erwartete akkumulierte Verführung* $1/c_1$ *ansetzt, die notwendig wäre, um den höchsten Augenblick auszulösen, desto höher muss die Seelenprämie sein, um die Wette überhaupt ausspielen zu können.*

2. *Je höher Faustens Libido anzusetzen ist, desto weniger darf das Verführen Mephisto kosten, respektive die Reue Faust Genuss verschaffen; desto höher, andererseits, sollte die Reue Mephisto irritieren, respektive das Verführen Faust verlocken. Formelmäßig ausgedrückt:*

$$d\sqrt{\frac{g}{3}} > \frac{3}{2}\bar{u}$$

3. *Die Gewichtung des Nutzens der Faust aus der Verführung erwächst muss mindestens* 75% *der Gewichtung des ihm durch die Reue entstehenden Gewinns betragen, d.h.*

$$4g_1 \geq 3g_2$$

Bei den komplizierten psychologischen Beziehungen, die in Punkt 2 des Konsistenztheorems erwähnt werden, handelt es sich eher um unmittelbare Ausprägungen marktwirtschaftlicher[42] Gesetze.

Wir beginnen bereis zu ahnen, dass die zuweilen anzutreffende Behauptung ›Hier irrte Goethe!‹ eine simple Frage der Parameterauswahl ist. Wo jedoch beginnt Goethes ›Faust‹ und wie ist sein Ende zu vertreten?

In bunten Bildern wenig Klarheit

Das Unzulängliche, hier wird's Ereignis;

Faust. Vorspiel auf dem Theater.
J. W. von Goethe

Während Mephisto, bei aller dämonischen Dynamik, nichts anderes als eine theologische Konstante ist, wird der Altakademiker Faust in Zeiten optimierter Regelstudien ein immer rätselhafteres Wesen.

Im Widerspruch zur zweifelhaften Schlusslösung, die einen reuevollen Faust vorauszusetzen scheint, wählen wir stattdessen durch $g = 2$ einen Faust aus, der dem Genuss gegenüber der Reue Vorteile einräumt. Die restlichen Werte der Parameter ergeben sich wie folgt. Mephisto fühlt sich durch Faustens Reue erheblich gestört: $d_2 = 16$, $d_1 = 1$. Faustens Libido erreicht die für einen deutschen Gelehrten von der Obrigkeit[43] festgesetzte niedrige Notierung von $\bar{u} = 4$. Eine einfache Normierung legt die Einheitswerte $c_i = 1$ für $i = 1, 2$ nahe. Die resultierenden Handlungsfäden lassen sich nun wie folgt abbilden.

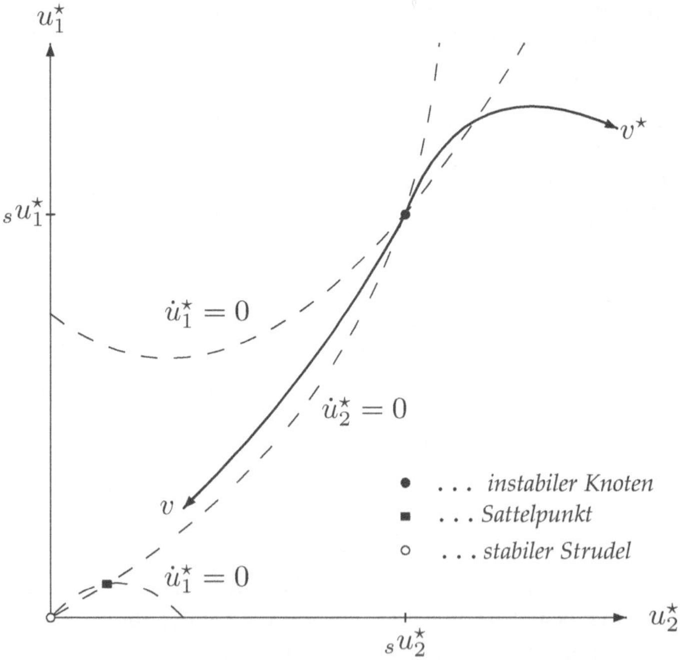

Goethes Faust in graphischer Deutung

Unseren Blicken offenbart sich ein eigenartiges Szenario. Die Koordinatenachsen messen horizontal die Verführung, vertikal die Reue. Eine instabiler Knoten sendet die Schar der generierten, zulässigen Handlungsfäden gegen die imaginäre Symmetrieachse durch den Ursprung – der geometrische Ort der seelenwertabhängigen Endbedingungen.

Die zeitliche Komponente lässt sich jedoch nicht direkt aus dem Diagramm ablesen. Das Spielgeschehen verharrt die längste Zeit über in der Nähe des relevanten Knotens, um erst gegen Ende der Paktfrist dem Ziel entgegenzustreben.

Obwohl Faust der Verführung weitaus mehr abgewinnen kann, besteht seine Gleichgewichtsstrategie im Überbereuen. Dieses paradox scheinende Verhalten kann wie folgt erklärt werden. Verführt Mephisto in der Nähe des instabilen Knotens, so hat dies einen negativen Einfluss auf Faustens Nutzenterme; Faust bezieht also in Wirklichkeit keinen Nutzen aus dem, was ihm der Teufel bietet. So dient Mephisto unserem Doktor, sage und schreibe, zweimal das schönste Weib der griechischen Antike an, obwohl diesem bereits ein einfaches deutsches Mädchen[44] genügen würde. Da der Disnutzen aus der übertriebenen Verführung überdies (mindestens) doppelt so stark in's Gewicht fällt, hat Faust selbst ein großes Interesse, die Wette durch Überbereuen abzukürzen.

Der Teufelskreis schliesst sich nunmehr. Da Mephisto durch Faustens Reue so sehr gestört wird, muss er auf ein baldiges Ende der Wette drängen. Er verführt deshalb auf Teufel komm raus[45] und senkt seine Machinationen nur dann ab, wenn der Seelenwert v für ihn nicht verlockend genug ist. Der im vorangehenden Bild dargestellte hohe Seelenwert $v^\star$ und ein gewöhnlicher Seelenwert v können zum unmittelbaren Vergleich der unterschiedlichen Verführungs- und Reuepfade herangezogen werden. Für den hohen Seelenwert zeigt der Handlungsfaden gnadenlos an, dass Mephisto seine Verführung bis zum bitteren Ende steigert; Fausts Reuetaumel wird schlussendlich durch einen Hauch von Größenwahn gemildert:

Es kann die Spur von meinen Erdentagen
Nicht in Äonen untergehen.
Faust 2, v, Zeilen 11583-11584.

Die Wette ist entschieden. Aber um welchen Preis[46] und vor allem zu wessen Gunsten?[47] Weder Faust noch Teufel haben ihre ursprünglichen Erwartungen erfüllt. Faust spricht die magischen Worte (jedoch nur im Konjunktiv) aus:

Zum Augenblicke dürft ich sagen:
Verweile doch, du bist so schön!
Faust 2, v, Zeilen 11581-11582.

Auf Grund dieser grammatikalischen Besonderheit ist es daher zweifelhaft, ob er tatsächlich den höchsten Augenblick und nicht vielmehr den erlösenden Schluss der Wette im Sinn hatte. Mephisto erkennt, dass seine Sicht des Spiels falsch war und es ihm nicht gelungen ist, Faust durch Genuss zu verführen:

> *Ihn sättigt keine Lust, ihm gnügt kein Glück.*
> Faust 2, v, Zeile 11587.

Die Wette, die nach formalen Richtlinien einlösbar schien, ist vor dem höheren Forum einer qualitativen Bewertung des Spielverlaufes verloren.

In nächsten Bild ist ein Gegenstück zur Goethe'schen Tragödie dargestellt. Eine vertretbare Interpretation dieser Situation lässt sich durch Verweis auf das ursprüngliche Faustmotiv – wie es zum Beispiel bei Cristopher Marlowe Bühnenwirksamkeit erlangt – erstellen. Wir wählen nun durch $g = 3/4$ die Gewichte an der untersten, noch durch das Faust-Mephistophelische Konsistenztheorem vertretbaren, Grenze. Alle anderen Parameter bleiben unverändert. Wir haben es nun mit einem Faust zu tun, der Reue höher als das Vergnügen bewertet.

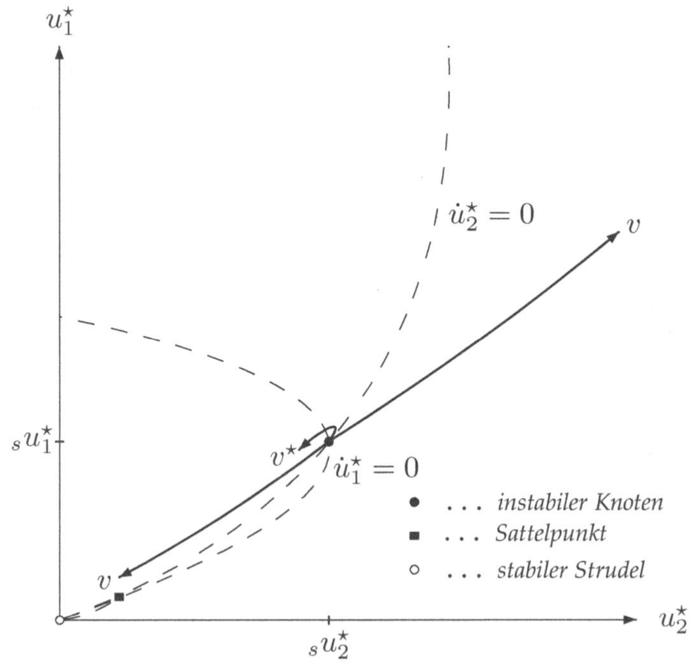

Die graphische Darstellung zu Marlowes Faust

Die abgebildeten Lösungen weisen ebenfalls ein paradoxes Verhalten aus. Mephisto zwingt Faust in der ihm eigenen diabolischen Weise zum Unterbereuen – dessen stärkere Gewichtung des Reuenutzens ausnützend. Im krassen Unterschied zum ersten Diagramm wird Fausts Gesamtnutzen dadurch erst positiv, Mephistos Nutzen hingegen vermindert; eine heikle Situation, die ein vorzeitiges Ende der Wette unwahrscheinlich macht. Knapp vor Ablauf der Frist verzeichnet Mephisto vorerst eine Abnahme der Verführungsintensität, während Faust seine Reue steigert, um sich sodann vom Teufel mitreißen zu lassen.

Fausts beschränkter Re(u)aktionsradius besiegelt sein Schicksal, Wettverlust hin, Wettgewinn her. Das Finale des Elisabethanischen Dramas gleicht dem Lösungsmuster im Diagramm: Mephistos Machinationen, die bis auf das Niveau von Taschenspielerkunststückchen[48] hinabsinken; die exzessive Reue, die Faust kurz vor Verstreichen der Frist empfindet, um dann am Ende doch zu resignieren:

> *Unseliger Faust, wo findest du nun Gnade?*
> *Ja, ich bereue und verzweifle trotzdem.*
> The Tragical History of Doctor Faustus,
> 5ter Akt, 14te Szene.

Epilog

Ein, wenn auch wesentlicher, Aspekt des vorliegenden Modells, dessen formale Brillanz die Rettung Faustens einer endgültigen Interpretation zuführt, ist die Entmythisierung der faustischen Seele.

Seine Rettung verdankt unser Held, *quod erat demonstrandum*, nur den strukturellen Eigenschaften der Teufelswette und nicht etwa einer besonderen charakterlichen Ausprägung. Der von den Engeln angewandte Absolutionsmechanismus:

> *»Wer immer strebend sich bemüht,*
> *Den können wir erlösen.«*
> Faust 2, *v*, Zeilen 11936-11937.

negiert in geradezu erschreckender Weise Faustens parametrische Prädisposition zur Sünde. Andererseits liegt gerade im Überwinden dieses Mankos die zu bewundernde bußtechnische Leistung.

vier

Theatralische Mathematik

Für manchen scheint die Mathematik - wohl in Erinnerung an in der Schulzeit durchlittene Qualen - durchaus ein Drama zu sein. In Martin Crimps Bühnenstück ›Auf dem Land‹ taucht hinter dem Drama überraschenderweise ein Gerüst aus dem Fundus der Mathematik auf. Für die am 4. April 2002 angesetzte Premiere am Akademietheater enthielt das Programmheft – als Resultat einer ungewöhnlichen Kooperation zwischen den Brettern, die die Welt bedeuten, und der zumeist als weltfremd verschrienen Mathematik – auch meine Interpretation der Handlung. Bereits ein Jahr zuvor war ich auf Ersuchen des Schauspielhauses Bochum mit den strategischen Elementen von ›Auf dem Land‹ beschäftigt. Es folgte im Oktober 2002 das Bayerische Staatsschauspiel und das Erscheinen dieses Buches begleitet nun die Aufführung im Landestheater Vorarlberg.

Der Seitensprung der theatralischen Mathematik enthält in seinem ersten Akt eine erweiterte Variante dieser mathematischen Deutung. Der theatralische Schlusspunkt wird von einem Countdown für Duellanten gesetzt, der den dramatischen Bogen von Alexander Puschkins ›Eugen Onegin‹ über das Schicksal des Mathematikers Galois bis hin zu den Niederungen mathematisch geführter Duelle vervollständigt.

12 ›Auf dem Land‹ – Landestheater Vorarlberg 2007

4.1 Die Mathematik des Thespiskarrens

Das Auftauchen spieltheoretischer Muster im Kernstück eines Bühnenspiels kommt keineswegs überraschend. Der englische Mathematiker Nigel Howard geht sogar so weit, seine Weiterentwicklung spieltheoretischer Grundregeln als Dramatheorie zu bezeichnen. Im exemplarischen Bühnenstück ›Der Hausmeister‹ lässt der Dramatiker Harold Pinter einen ständigen Wechsel von Koalitionen jeweils zweier Bühnenfiguren zu, die gegen die dritte Front machen. Offenbar hatte Martin Crimp mit ›Auf dem Land‹ etwas Ähnliches vor. Im Unterschied zu Pinter sind seine Szenen jedoch stets Nullsummenspiele: d.h. alles was eine Person zu gewinnen scheint, geht zu Ungunsten des Gegenspielers (der Gegenspielerin) aus.

Die Handlung des Stückes scheint einfach erzählt. Ein Ehepaar zieht aufs Land, um der Vergangenheit zu entfliehen, und nistet sich in einem umgebauten Getreidespeicher ein. Die neugewonnene vermeintliche Idylle wird durch das scheinbar unvermittelte Auftauchen einer jungen Amerikanerin empfindlich gestört. Hinter diesem klassischen Beziehungsdreieck manifestieren sich jedoch die lebendigen Gespenster der Vergangenheit, der Sucht und der Lüge.

Crimps ›Auf dem Land‹ verwendet das altbekannte Kinderspiel Schere-Stein-Papier als erzeugenden Mechanismus seiner dramatischen Szenenfolge, jedoch keineswegs als rein konstruktive Beschränkung, die den künstlerischen Schöpfungsakt behindert und ihm gerade dadurch einen besonderen Reiz erteilt.

Folgt man beim Versuch, den dramaturgischen Schwerpunkt des Bühnenspiels auszuloten, den Vorschlägen des mathematischen Linguistikers Solomon Marcus, so lässt sich vorerst eine Matrix aufstellen, deren Aufgabe es ist, die atomistische Inzidenz der handelnden Personen in Bezug auf die szenische Reihenfolge festzuhalten.

	1	2	3	4	5	6	7	8	9	10	11	12	13	14	15	16	17	18	19	20
Ri	1		1		1	1	1	1	1		1					1		1		1
Co	1	1	1	1	1		1		1	1	1	1	1	1			1	1	1	1
Re												1		1	1	1				
	i	*i*	*i*	*ii*	*ii*	*ii*	*ii*	*ii*	*ii*	*ii*	*ii*	*iii*	*iii*	*iii*	*iv*	*iv*	*v*	*v*	*v*	*v*

Dieses zugegeben eigenartige Bild eines Bühnenspiels kann (bei einiger Phantasie) als die beschränkte Einsicht eines tauben Zuschauers interpretiert werden, dem die Dialoge der handelnden Personen letztlich verschlossen bleiben und der nur das Auf- respektive Abtreten der Protagonisten beobachten kann.

Für einen derartigen Beobachter zerfällt somit ein Theaterstück in einzelne isolierte Zeiteinheiten (Atome), die durch eine jeweils im Zeitrahmen nicht veränderliche szenische Population gekennzeichnet sind. Das erstmalige Auftauchen Rebeccas am Beginn der Szene *iii* wird in der tabellarischen Darstellung durch das Eintragen einer 1 in das durch die (Personen-)Zeile *Re* und die (Atom-)Spalte 12 gekennzeichnete Tabellenfeld vermerkt.

Crimp kommt in ›Auf dem Land‹ mit der äußerst sparsamen personellen Ausstattung eines klassischen Beziehungsdreiecks aus und schränkt im Verlauf der Handlung die Bevölkerungsdichte jeweils so ein, dass maximal zwei Protagonisten die Szene beherrschen. Keine der handelnden Personen kann jedoch dabei als dominant oder dominiert angesehen werden.

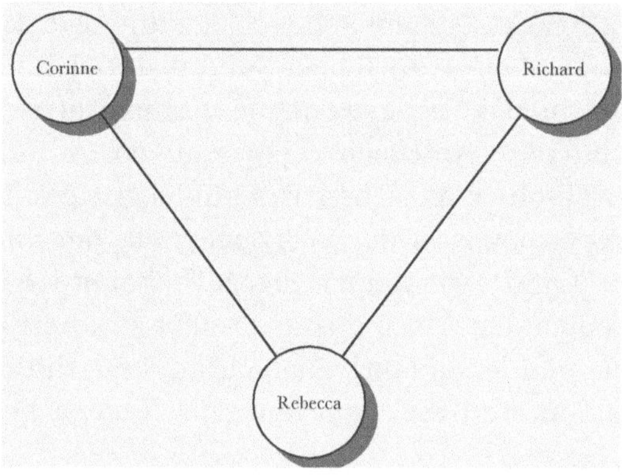

Der szenische Graph für ›Auf dem Land‹

Eine graphische Darstellung dieser Situation – der szenische Graph des Bühnenspiels – verbindet zwei Personen genau dann, wenn sie in zumindest einem szenischen Atom gemeinsam auf der Bühne stehen; diese Darstellung kann jedoch erst dann zu einer seriösen Analyse herangezogen werden, wenn man die grundsätzlichen Impulse und Handlungsweisen der Protagonisten berücksichtigt.

Crimp hat die Abfolge der fünf Szenen als Echo des Durchspielens von Schere-Stein-Papier angelegt. Dieses Nullsummenspiel kann mittels einer einfachen Tabelle beschrieben werden, deren Felder die Auszahlungswerte für Sieg (1), Niederlage (-1) und Unentschieden (0) nur aus dem Blickwinkel des ersten Spielers (des Zeilenspielers) für jede eigene und gegnerische Spielweise enthalten.

In einem derartigen Konflikt versucht jedermann seine wahren Absichten vor dem Gegner zu verbergen, da er stets mit dem Schlimmsten rechnen muss. Der zum Scheitern verurteilte Versuch, den Gegner (ein negatives Spiegelbild seiner selbst) zu durchschauen: ›wenn er denkt, dass ich Stein spiele, dann sollte er Papier spielen; doch wenn er denkt, dass ich denke, dass er denkt, dass ich Stein spiele, dann sollte er Stein spielen‹ kann (zumindest in der Theorie) durch den Zufall ersetzt werden. Folgt ein Spieler diesem optimalen Muster, so nimmt er (autistisch) nur sich selbst und seine eigenen Ziele wahr.

	Schere	Stein	Papier
Schere	0	−1	1
Stein	1	0	−1
Papier	−1	1	0

Die Spielmatrix des Schere-Stein-Papier Spiels

Letztlich erweist sich jedoch auch der Zufall als untauglicher Lehrmeister. Die mathematisch begründbare Lösung (spiele ohne auf den Gegner zu achten, stets gleichwahrscheinlich deine Strategien) lässt sich aus dem Spielverlauf nicht unmittelbar erreichen. Wenn man dieses eher kryptisch klingend mathematische Resultat durch eine allgemein verständliche Metapher ersetzen will: das Spiel *Schere-Stein-Papier* steht letztlich für den Teufelskreis menschlicher Beziehungen, für den es keine Lösung gibt und aus dem kein Weg hinausführt.

Die Tatsache, dass Crimp jeder Szene – sei es im Dialog, als Requisite oder letztlich als abschließende Regieanweisung – ein eindeutiges ›Objekt‹ : Schere, Stein, Papier zuordnet, kann andererseits von verschiedenen Gesichtspunkten aus gewertet werden. Die eingehaltene Reihenfolge (Schere, Stein, Papier, Schere, Stein) stellt einen Gewinnzyklus dar. Stein (Szene ii) schlägt Schere (Szene i), Papier (Szene iii) schlägt Stein (Szene ii), Schere (Szene iv) schlägt Papier (Szene iii) und letztlich Stein (Szene v) schlägt Schere (Szene iv). Dieses einfache Muster scheint jedoch nur ein erster flüchtiger Fingerzeig für den Spielausgang der einzelnen Konfrontationen im Stück zu sein.

Um die strategischen Absichten der Protagonisten ihrer szenischen Wirkung gemäß beurteilen zu können, bedarf es einer in enger Beziehung mit dem Text ausgearbeiteten Interpretation der Impulse, Motive und Muster der dramatischen Handlungsweisen. Ein derartiges Vorgehen unterstreicht letztlich die spieltheoretischen Aspekte von Martin Crimps ›Auf dem Land‹.

- In der ersten Szene wird Corinne durch das einschneidende Erlebnis verletzt, das unerklärliche Eindringen Rebeccas in ihre vermeintliche Idylle mit Richard hinnehmen zu müssen. Die Schere steht dabei für Richards Rücksichtslosigkeit Corinne gegenüber.

- Der Stein ist das bestimmende Symbol der zweiten Szene. Um sich einen Stein anzuschauen, soll Rebecca zu Richard in den Wagen gestiegen sein. Die Assoziationskette führt uns vom ›stone‹ zu ›stoned‹, zur Sucht, die Richard und Rebecca aneinanderkettet. Der Stein (das Wissen um diese Sucht) ist Corinnes Strategie, um Richard in die Enge zu treiben.

- Diese Interpretation des Steines als Abbild der Sucht scheint auch in Rebeccas Erzählung am Anfang der dritten Szene durch. Ihre Strategie, um aus dieser Abhängigkeit (vor allem Richard gegenüber) auszubrechen, besteht darin, Corinne mit der Wahrheit zu konfrontieren. Die Wahrheit das ist das Papier: Richards Briefe an Rebecca.

- Die vierte Szene lässt Rebecca nunmehr die Schere als Symbol des Verletzens und der Verletzbarkeit ins Spiel bringen. Gegen wen sich diese Strategie letztlich richtet, bleibt unausgesprochen.

- Gegen Schluss blickt Corinne hinter dem Vorhang: »Menschen stehen nicht für irgendwas, sie existieren«; im Original noch deutlicher: »People don't stand for things. They simply exist«. Das Stück endet mit einem hoffnungslosen Patt zwischen Richard und Corinne, das der strategischen Spielweise: Stein gegen Stein des Schere-Stein-Papier Spiels entspricht. »Dieser Stein verschlingt mein Herz«, meint Corinne. Und tatsächlich stehen die Protagonisten, was ihr gegenseitiges emotionales Verhältnis betrifft, durchaus für ihre Strategien, einander als Steine gegenüber, zu keinem ehrlichen Gefühl mehr fähig; zur Ehe im Steinbruch verurteilt.

4.2 Ein Countdown für Duellanten

> Am nächsten Tag steht man befrackt in Tann.
> Freds Kraftblick lässt des Gegners Schuss versagen.
> Er selbst trifft ihn am Halse überm Kragen.
> (Ein Kindermädchen trauert in Lausanne.)
>
> *Kriminalsonette.*
> LUDWIG RUBINER ET AL.

ES ERWECKT DURCHAUS DEN ANSCHEIN einer sibyllinischen Prophezeiung. Vergraben im Umfeld der XXXten Strophe im sechsten Kapitel des Versromans ›Eugen Onegin‹ strebt die Duellszene zwischen Jewgeni und Lenski ihrem Höhepunkt zu.

XXX

...

Вот пять шагов ещё ступили,
И Ленский, жмуря левый глаз,
Стал также целить – но как раз
Онегин выстрелил... Пробили
Часы урочные: поэт
Роняет молча пистолет,

XXXI

На грудь кладет тихонько руку
И падает. Туманный взор
Изображает смерть не муку.

...

Ein angehender Übersetzer ist hinreichend gewarnt. Jede Strophe enthält 14 Tetrameter-Zeilen, deren Übertragung ohne Puschkins ironischen Gestus von vorneherein zum Scheitern verdammt ist. Douglas Hofstadter – Pulitzer-Preisträger des Jahres 1980 für ein dem Inhalt und auch dem Umfang nach erstaunliches Schwergewicht eines populärwissenschaftlichen Werks[49] – traute sich diese Sisyphusarbeit (ohne besondere Kenntnisse des Russischen) zu.

Die letzte Strophe seiner Übersetzung hatte er, in einem ultimativen Anfall von Theatralik, im St. Petersburger Sterbezimmer Puschkins zu Papier gebracht. Nur auf zwei Strophenfragmente bezogen, lässt sich dies wesentlich billiger bewerkstelligen. Dafür reichen schließlich 8 Jahre Russisch, die ich dem Gymnasium Stubenbastei verdanke.

XXX

...

Fünf Schritte gingen sie. Genug!
Das linke Aug' kniff Lenski zu,
Um gut zu zielen, doch im Nu
Schoss schon Onegin und es schlug
Des Schicksals Stunde: der Poet
Senkt die Pistole stumm und spät,

XXXI

Führt langsam seine Hand zur Brust
Und fällt. Nicht Schmerzen macht sein Blick
Nein, einfach nur den Tod bewusst.

...

Die gleiche Eifersucht, die den Poeten Lenski seinen Freund Onegin zum Duell fordern ließ, wird Puschkin in den Ehrenhandel mit Georges d'Anthes treiben. Der erfahrene Duellant trifft am 8ten Februar 1837 den Dichter aus kurzer Distanz in den Bauch. Zwei Tage später ist Puschkin tot.

Fünf Jahre zuvor durchtrennte ein anderes Pistolenduell den Lebensfaden des genialsten Autodidakten der Mathematikgeschichte: Évariste Galois. Ein Ehrenhandel, der durch eine gänzlich andere Leidenschaft ausgelöst wurde: die Liebe zur Revolution. Welche undurchsichtige Rolle der vermutete Duellgegner Pecheux D'Herbinville dabei gespielt hatte, ist bis heute ungeklärt.

In der letzten Nacht vor dem unausweichlichen Treffen – in Erwartung des ihm sicher scheinenden Todes – soll Galois in fiebriger Hast die Theorie zur (Nicht-)Lösbarkeit algebraischer Gleichungen höheren Grades durch Radikale aufgeschrieben haben. Eine unschätzbare mathematische Hinterlassenschaft, die das Gesicht der Algebra für immer ändern sollte.

Diese apokryphe Story hat Leo Perutz mit der Kurzgeschichte[50] ›Der Tag ohne Abend‹ in das kaiserliche Wien des Jahres 1912 verlegt. George Durval wird in der Monatsfrist zwischen einer Auseinandersetzung und dem letztlich in den Praterauen stattfindenden Duell zum Besessenen der Mathematik, für den im Schöpfungstaumel Tod und Leben nebensächlich werden.

Zu Durvals Forschungsprogramm – *posthum* in zehn umfangreichen Bänden der Veröffentlichung harrend – lässt sich Perutz in recht kurzen Hinweisen eher lange mathematische Entwicklungsreihen, Formeln zu Kurven höherer Ordnung und die Theorie der Differentialgleichungen einfallen.

Man ist versucht, über den Abgrund des dichterischen Einfalls hinweg, dem dilletierenden Durval zuzurufen: »Nutze den Tag. Ein bisschen Analysis und du kannst die Schrecken des Duells mit Formeln bannen.«

Tatsächlich ließe sich Gustavs Hergsells berühmter Duell-Codex[51] (in seiner wesentlichen Auslegung des Duellablaufs) in ein umfassendes mathematisches Modell übertragen. Die Autoren einschlägiger Duellantenfibeln wären einigermaßen über diesen Umstand erstaunt gewesen.

Die Duellanten

Da beschreibt man ganz penibel
In der Duellantenfibel,
Wie die Herren Kontrahenten
Sich die Kugel geben könnten

Beim Konfrontationsstrawanzen
Mittels schrumpfender Distanzen,
Und dann tun sich zwei beflegeln
Unter Ausschluss aller Regeln

Gänzlich ohne Sekundanten,
Die auf Abbruchgrund erkannten,
Wenn sich hinter Barrieren
Ehrenmänner nicht bewähren.

Kann bei solcherlei Verhalten
Sich Methode rein entfalten
Und zur Eleganz versteigen
Im Beweis- und Formelreigen?

Die Antwort auf diese lyrische Frage ist ein eingeschränktes: ›Durchaus‹. Durval und sein Kontrahent, Herr von Szöngessy, mögen aus der Distanz von 30 Schritt gegeneinander vorrücken. Die Treffsicherheit Durvals sei durch die Wahrscheinlichkeit $p(x)$, die Szöngessys durch $q(x)$, gegeben, sofern sich der Abstand (inzwischen) auf x verringert hat. Beim Duell mit unterbrochenem Vorrücken, darf bekanntlich nach Abgabe des Schusses weder der Schütze die Distanz zum Gegner vergrößern, noch der verfehlte und den Schuss erwidernde Kontrahent dieselbe verringern. Wird die Variante eines Barrierenduells vorgezogen, bleibt der Schütze aus Selbsterhaltungstrieb selbstverständlich stehen, während der Kontrahent weiter bis zur Barriere vorrücken kann, um seine Trefferchance zu verbessern.

Beide Varianten lassen sich mathematisch beschreiben. Für die strategische Auflösung des Duells mit unterbrochenem Vorrücken benötigt man jedoch die Rechenkapazität eines Kleincomputers; 1912 leider noch nicht im Handel erhältlich.

Für Durval sollte daher nur das Duell mit Barrieren in Frage kommen. Unter der Annahme, dass ein Schuss, der unmittelbar an der Barriere (somit im Abstand b) abgegeben wird, den Gegner mit Wahrscheinlichkeit 1 erledigt, lässt sich der erwartete Nutzenwert $K(x, y)$ Durvals, falls er aus einem Abstand x, Szöngessy jedoch aus einem Abstand y, feuert, folgendermaßen angeben:

$$K(x,y) = \begin{cases} 2p(x) - 1 & \text{falls } x > y > b \\ p(x) - q(x) & \text{falls } x = y > b \\ 1 - 2q(y) & \text{falls } y > x > b. \end{cases}$$

Für $x > y > b$ wird Durval nur dann überleben, falls sein Schuss (mit Wahrscheinlichkeit $p(x)$) ein Treffer ist. Schießt er (mit Wahrscheinlichkeit $1 - p(x)$) vorbei, so kann Szöngessy ungestraft den Abstand bis zur Barriere verringern, um seinerseits mit Wahrscheinlichkeit $q(b) = 1$ zu treffen. Für $y > x > b$ wird andererseits Durval Szöngessy mit Wahrscheinlichkeit $1 - q(y)$ überleben. Wird gleichzeitig geschossen, überlebt Durval nur dann Szöngessy, falls er trifft, ohne selbst getroffen worden zu sein.

Ein bösartiger Gegner – Szöngessy wie aus dem Gesicht geschnitten, aber mit rudimentären Kenntnissen der Spieltheorie ausgestattet – würde versuchen den Nutzen Durvals durch die Wahl seiner Schussdistanz zu minimieren. Somit feuert er in einem Abstand $\hat{y}(x)$, für den gilt:

$$K(x, \hat{y}(x)) = \min_{b \leq y \leq 30} K(x, y).$$

Da die Treffsicherheit eines Duellanten mit dem Verzögern des Schusses stets zunimmt, sollte der Abstand $\hat{y}(x)$ unter keinen Umständen x überschreiten. Es sei nun $d^* > b$ der eindeutig bestimmbare Abstand, für den die Gleichung $p(d^*) + q(d^*) = 1$ gilt.

Das richtige Rezept zur Minimierung des Nutzens $K(x, y)$ scheint demnach

$$\hat{y}(x) = \begin{cases} x & \text{falls } b < x \leq d^*; \\ 0 & \text{falls } x > d^* \end{cases}$$

zu sein.

Durval muss sich letztlich im Abstand x mit einem Nutzen von:

$$K(x, \hat{y}(x)) = \begin{cases} 1 - 2q(x) & \text{falls } b < x \leq d^*; \\ 2p(x) - 1 & \text{falls } x \geq d^* \end{cases}$$

begnügen. Durch geeignete Wahl der Schussdistanz kann er jedoch diesen Wert maximieren.

Dieser sogenannte Maximin-Wert der Nutzenfunktion ist durch

$$\max_{b<x\leq A} \min_{b<y\leq A} K(x, y) = K(d^*, d^*) = p(d^*) - q(d^*)$$

gegeben. Durval und Szöngessy sollten somit gleichzeitig aus einer Distanz von d^* aufeinander feuern. Sollte Durval dabei getroffen werden, stirbt er wenigstens im Bewusstsein, mathematisch alles richtig gemacht zu haben.

fünf

Spielerische Mathematik

Im Seitensprung der spielerischen Mathematik werden vorerst zwei paradoxe Spiele, deren Ursprung rein literarisch ist, mathematisch interpretiert. Danach werden literarisch verspielte Geschichten aus dem weiten Feld der Mathematik ersonnen, solche apokrypher und wieder andere wahrhaftiger Natur.

13 Alles ist Spiel

5.1 Der Preis der Verdammnis

> Die Worte starben ihm auf der Zunge; der, welcher sie kaufte, konnte sie nie wieder verkaufen, die Flasche und ihr Teufel mussten bis zu seinem Tode bei ihm ausharren und ihn, wenn er gestorben war, in die röteste Hölle tragen.
>
> *Der Flaschenteufel*
> ROBERT LOUIS STEVENSON

Es war ein Mann auf der Insel Hawaii, dem man eines Tages eine Flasche anbot, der recht seltsame Eigenschaften nachgesagt wurden. Der Teufel selbst habe sie in Umlauf gebracht und sie wurde einstmals zu einem ungeheuren Preis erworben. Ihr Wert sei hingegen weitaus höher anzusetzen: im Inneren der Flasche ist der leibhaftige Teufel, der dem gegenwärtigen Besitzer jeglichen Wunsch erfüllt. Stirbt jedoch ein Mensch, ehe er sich der Flasche gegen gemünztes Geld und unter dem Einkaufspreis entledigen konnte, so fährt er direkt zur Hölle.

Keawe – denn so hieß unser Mann – zögerte vorerst. Da jedoch der Preis der Flasche im Laufe der Jahrhunderte auf 89$ und 99 Cents herabgesunken war und er sich durchaus noch Chancen ausrechnen konnte, bei Bedarf einen Käufer zu finden – selbst wenn er ihn pflichtgemäß über die Nachteile des Flaschenkaufs aufklären musste – wurden Keawe und der Besitzer der Flasche schließlich handelseins.

Ein spieltheoretischer *deus ex machina* hätte Keawe nunmehr Schritt für Schritt erklären können, dass seine Entscheidung dem Prinzip der Rückwärtsrechnung zuwiderlaufe. Wird die Flasche nämlich um einen Cent angeboten, so würde sich selbstverständlich kein Käufer für sie finden lassen, da keine wertmäßig geringere Scheidemünze im Umlauf ist.

Wenn jedoch keiner bereit ist, die Flasche um einen Cent zu kaufen, ließe sich auch kein Käufer bei einem Preis von zwei Cents auftreiben; in weiterer Folge dürfte niemand – und dies zu keinem Preis auf den Flaschenhandel eingehen. Dieser schlüssigen Argumentation nach dürfte andererseits auch kein Individuum, in ein Pyramidenspiel einsteigen oder – was durchaus vorteilhafter wäre – eines lancieren.

Kann man demnach die Existenz wohlbetuchter Rosstäuscher und (weitaus zahlreicherer) geschorener Opferlämmer tatsächlich als paradox bezeichnen? Im Sonderfall des Pyramidenspiels sicherlich nicht, denn die Betreiber legen es schließlich darauf an, den Mitspielern nur eine unvollkommene Sicht der Spielstruktur zu ermöglichen.

Im Stevensonschen Original erwirbt Keawe, nachdem er die Flasche erfolgreich verwertet und verkauft hatte und danach an Lepra erkrankte, sie zum zweiten Mal um den Preis von einem Cent. Das chinesische Übel verschwindet durch die Magie der Flasche; Keawe verfällt ob der höllischen Aussichten in tiefste Verzweiflung. Da erinnert sich seine Ehefrau, dass man in Tahiti für einen Cent fünf französische Centimes bekommt, womit das Flaschenverkaufsspiel seine dramatische Fortsetzung findet.

Auf geniale Weise durchbricht Stevenson letztlich die Rückwärtsrechnung. Da niemand bereit war, die Flasche um vier Centimes zu erwerben, kauft sie Keeawes Ehefrau über einen Strohmann. Keawe, der diesen meisterlichen Zug verspätet durchschaut, beauftragt einen Steuermann, sie um zwei Centimes der Frau abzuluchsen und sie ihm sodann um einen Centime zukommen zu lassen. Der Strohmann verweigert jedoch ganz entschieden die Weitergabe der Flasche, da ihn die Aussicht eines Höllenganges (irrationaler Weise?) nicht im Geringsten abschreckt.

5.2 Der Fluch der Unumkehrbarkeit

> Nun aber beginnt sein Acker von Jahr zu Jahr kleiner zu werden, und wenn heute eine Epidemie ausbräche, wüsste er nicht, ob er sich mehr über die Begräbnisgebühren freuen oder sich über die neuen Gräber ärgern sollte. »Ihr nährt Euch von den Toten, Lestiboudois!« sagte eines Tages der Pfarrer zu ihm.
>
> *Madame Bovary (übersetzt von Hans Reisiger)*
> GUSTAVE FLAUBERT

IN ›MADAME BOVARY‹ führt Gustav Flaubert als Pausenfüller die Figur des Küsters Lestiboudois ein. Neben der zusätzlichen Tätigkeit als Totengräber benützt dieser brave und gottesfürchtige Mann den brachliegenden Teil des Gottesackers als Anbaufläche für Kartoffeln. Ehe er sich versieht, ist er in einem Spiel gegen die Natur verwickelt, die – innerhalb einer gewissen Bandbreite $[\underline{m}, \overline{m}]$ – die Todesrate $m(t)$ der Gemeinde festlegt.

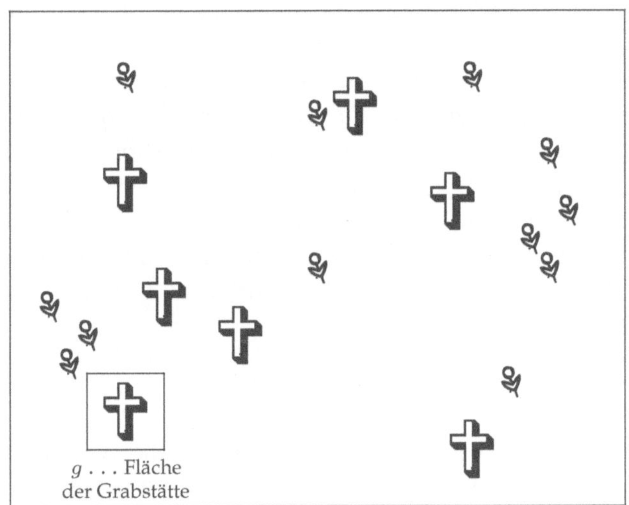

Der Gottes- und Kartoffelacker

Der Lestiboudois zur Verfügung stehende Spielraum ist recht beschränkt. Die Gesamtfläche des Gottesackers betrug am Anfang A. Jedes Begräbnis verringert diese Fläche um das Flächenmaß g einer üblichen Grabesstätte. Man sollte andererseits den Einfluss eines Küsters nicht gänzlich unterschätzen.

Wir wollen darum – dem Modell zuliebe – annehmen, dass es Lestiboudois möglich ist, durch Gerüchte über den keineswegs gottgefälligen Lebenswandel der Verblichenen die Anzahl der Begräbnisse (in einem bestimmten Zeitraum) völlig abzusenken. Um den Gegenwartswert der Lestiboudois zukommenden Nutzenströme zu erfassen, empfiehlt es sich somit nach Thépot[52] folgende Maximierungsaufgabe aufzustellen:

$$\max_{0 \leq \omega(t) \leq 1} \int_0^\infty e^{-rt}[f(A(t)) + B\omega(t)m(t)]\, dt$$

unter der dynamischen Nebenbedingung

$$\dot{A}(t) = -g\omega(t)m(t)\,;\; A(0) = A_0\,.$$

Lestiboudois kontrolliert nun die Anzahl der Begräbnisse über die Annahmerate $0 \leq \omega(t) \leq 1$. Diese Entscheidung beeinflusst die zur Verfügung stehende Anbaufläche, deren Abnahme im Zeitenlauf durch die obige Differentialgleichung ausgedrückt wird. Dabei bezeichnet $\dot{A}$ die Ableitung von A nach der Zeit t.

Zu jedem Zeitpunkt wird Lestiboudois' Nutzen durch die Ernte- und die Begräbniseinkünfte festgelegt. Werden diese Werte mit der Diskontrate r exponentiell gewichtet und über einen unendlichen Zeithorizont akkumuliert, so erhält man die zu maximierende Zielfunktion.

Für den Fall einer streng konkaven Funktion $f(A)$ der Ernteeinkünfte, deren erste Ableitung nach dem Argument A somit strikt positiv und deren zweite strikt negativ ist, lässt sich ein Wert $\hat{A}$ so durch die Gleichung

$$f'(\hat{A}) = rB/g$$

angeben, dass für eine zu Beginn des Planungshorizonts vorhandene Anbaufläche A_0, die diesen Wert übersteigt, Lestiboudois' beste Antwort auf den Zug der Natur darin besteht, vorerst kein Begräbnis auszulassen. Diese Entscheidung ist irreversibel; sie vermindert stetig die Anbaufläche und zwingt letztlich Lestiboudois für den Fall, dass nur noch eine Anbaufläche im Ausmaß von $\hat{A}$ zur Verfügung steht, seine Totengräberpflichten völlig zu vernachlässigen.

Wie kommt diese intertemporal beste Antwort nun zustande? Lestiboudois muss wohl seine Wahl unter der dynamischen Bedingung der Anbauflächenabnahme treffen und sich dabei auf Treu und Glauben den Empfehlungen des Pontrjaginschen Maximumprinzips ausliefern.

Löst man nun folgende unendliche Schar statischer Optimierungsaufgaben:

$$\max_{0 \leq \omega(t) \leq 1} \{ f(A(t)) + B\omega(t)m(t) + \lambda(t)[-g\omega(t)m(t)] \}$$

so kann die gesuchte Lösung jedem Zeitpunkt t durch

$$\hat{\omega}(t) = \begin{cases} 1 & \text{falls } \lambda(t) < B/g \\ 0 & \text{andernfalls} \end{cases}$$

angegeben werden, wobei die Bewertung der dynamischen Abnahme der Anbaufläche über die Schattenpreisgleichung

$$\dot{\lambda}(t) = r\lambda(t) - f'(A(t))$$

zu erfolgen hat.

Die wahre Tragödie hinter der Geschichte des Lestiboudois besteht wohl darin, dass er trotz Anwendung modernster Ansätze der Optimierungstheorie letztlich draufzahlen muss. Ein Küster, der – aus welchen rationalen und nachvollziehbaren Gründen auch immer – seinen Verpflichtungen nicht mehr gewachsen ist, wird (selbst im Roman) unweigerlich entlassen. Die einzigen Kartoffeln, die er dann anbauen kann, gedeihen höchstens im akademischen Umfeld.

14 Die Klobrille des Damokles

5.3 Das Klobrillen-Problem

Mit der Erfindung des Wasserklosetts hat die Menschheit eine für den Bestand friedlicher Beziehungen zwischen den Geschlechtern höchst nachteilige Technologiestufe erreicht.

Männliche WC-Benützer, die wir hinfort als Adam bezeichnen wollen, neigen, wegen der ihrem Geschlecht angeborenen Trägheit, dazu, die Klobrille nach Verrichtung kleinerer Geschäfte im gehobenen Zustand zu belassen, um beim nächsten Besuch der körperlichen Anstrengung, die Brille hochzuheben, aus dem Wege gehen zu können.

Die im gleichen Haushalt lebenden Evastöchter können – wen wundert's – diesem Verhalten keinerlei Sympathie entgegenbringen. Dass es unter diesen Umständen in manchen Lebensgemeinschaften zu Konflikten, die bis zu handgreiflichen Auseinandersetzungen eskalieren können, kommt, scheint deshalb durchaus verständlich.

Die Spiel- und Entscheidungstheorie hat die Modellierung und Lösung derartiger Konflikte bereitwillig in Angriff genommen. In manchen Lehrbüchern geistert zwar noch immer ein relativ harmloses Modell unter der Bezeichnung ›Kampf der Geschlechter‹ herum – es handelt sich da um die Entscheidung, ob man die Freizeit gemeinsam beim Boxkampf (männliche Präferenz) oder in einem Liebesfilm (weibliche Präferenz) verbringt oder sich zumindest einen Abend lang ohne Partner amüsiert – , derartige Anzeichen wissenschaftlicher Unreife sollten uns jedoch nicht am Lösungspotential dieser Theorien zweifeln lassen.

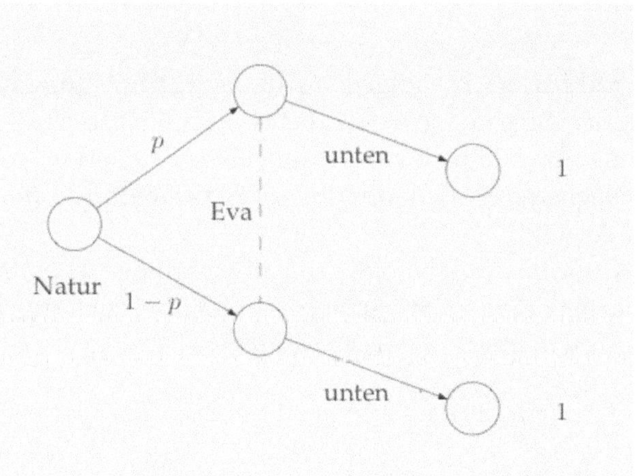

Kampf der Geschlechter: Eva

Das antizipatorische Modell für Evas Rolle im Kampf der Geschlechter weist eine monolithische Struktur auf. Gleichgültig ob der nächste Besucher des Klos dem weiblichen Geschlecht angehört (die Wahrscheinlichkeit dafür möge p sein) oder im Adamskostüm einherschreitet (Wahrscheinlichkeit $1-p$), Eva verfügt in beiden Fällen nur über die eine, vernünftige Handlungsweise: sie belässt die Klobrille, in der einzigen natürlichen Stellung, die sie gefälligst auch anzutreffen wünscht, nämlich: **unten**.

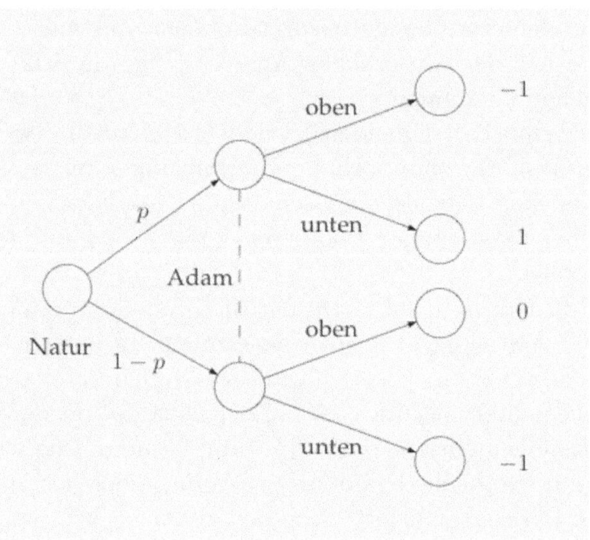

Kampf der Geschlechter: Adam

Ganz anders strukturiert ist hingegen Adams Entscheidungssituation. Falls er damit rechnet, derjenige zu sein, der das Klo als nächster besucht, so würde er die Entscheidung, die Klobrille **oben** zu belassen, sicherlich vorziehen. Wäre Eva jedoch die Nächste, so bedeutet diese Entscheidung offensichtlich eine gehörige Portion Ärger.

Lässt sich die Klobrille des Damokles, die über Adams Seelenfrieden schwebt irgendwie entschärfen? Adams erwarteter Nutzen, der sich aus dem Wohlverhalten ergibt, kann wie folgt angesetzt werden:

$$p \cdot 1 + (1-p) \cdot (-1) = 2p - 1$$

Ein Rückfall in die üblen Gewohnheiten seiner Junggesellenzeit senkt den zugehörigen erwarteten Nutzen jedoch auf $-p$ herab, da er mit Wahrscheinlichkeit p den Nutzen von -1 und mit $1-p$ den Nutzen von 0 erzielt.

Aus der Kombination beider Ergebnisse sollte nun Adam eine flexible Klobrillen-Handhabung ableiten können:

$$\text{Klobrillen-Stellung} = \begin{cases} \text{oben} & \text{falls } p < \frac{1}{3}; \\ \text{unten} & \text{sonst.} \end{cases}$$

Wie lässt sich dieses Ergebnis letztlich interpretieren. Zuerst scheint Evas handfeste Erziehung für einen jungen Adam nach einer kurzen aber heftigen Eingewöhnungsphase durchaus ihre Früchte zu tragen. Mit fortschreitendem Alter steigt jedoch die Frequenz der nächtlichen Klobesuche Adams, somit sinkt auch subjektiv die Wahrscheinlichkeit p auf ein gefährliches Maß hinab, was wiederum aus der Sicht Evas die Klobrillen-Stellung negativ beeinflussen könnte. Der einzige Trost, den wir in dieser Situation Eva spenden können, ist der Hinweis, dass ab einer gewissen Altersschwelle Adam zwangsläufig alles im Sitzen erledigen wird.

15 Der Tod des Archimedes

5.4 Der Tod des Archimedes

Mit einem wohlgezielten Hieb
erschlug er den Kreis, die Tangente
und den Schnittpunkt im Unendlichen.

Der Gefreite, der Archimedes erschlug.
Miroslav Holub

»Also sie ham uns den Archimedes erschlagen«, sagte die Haus- und Hofsklavin Eurikleia zum Veteranen Sigaios, der vor Jahren seinen Dienst in der Leibwache Hieron des Zweiten quittiert hatte, nachdem er vom Ältestenrat endgültig für blöde erklärt worden war, und der sich nun durch den Verkauf von hässlichen und zahnlosen Blindschleichen ernährte, die er mit gefälschten Urkunden des Hekatetempels zu Ortygia versah.

»Was für einen Archimedes, rosenknospige Eurikleia?« fragte Sigaios und fuhr fort seine am Zipperlein leidenden Handgelenke mit kaltgepresstem Olivenöl einzureiben, »Ich kenne deren zwei. Einen, der ist Rausschmeißer im Hetärenhaus des Anaxagoras und hat dort mehr aus Versehen Bierkrug mit Pisspott verwechselt, oder war es umgekehrt? Und dann kenn ich noch den Apfelsinenhändler Archimedes, der was Proponent der Bewegung ›Syrakus den Syrakusanern‹ is. Um beide is kein Schad.«

»Aber gnä' Herr, den Herrn Erfinder Archimedes, den Heureka-Rufer, den dicken, nackigen.«

»Dionys & Semele«, schrie Sigaios auf. »Das ist aber gelungen. Und wo is ihm denn das passiert, dem Herrn Mathematicus?«

»Aufgelauert habns ihm. Der nette alte Herr war grad in seim Sandkisterl gehockt, um Alpha zu Beta zu addieren oder solcherne Sachen, als so ein brutaler Mensch von Römer, ohne grüß Zeus zu sagen, das Atrium betrat und gleich losbrüllte: ›Zaster her, aber zack, zack!‹. Darauf Archimedes nicht mundfaul: ›Für Geld musst du was tun. Zeichne mir mit dem Schwert zwei konzentrische Kreise ein.‹ No, jener kriegt eine Stinkwut – war wahrscheinlich in der Hauptschule durchgefallen – und sticht ihn nieder mit den Worten: ›Da hast deine Kreise! Störts dich nicht ein bisserl?‹«

»Das ist aber eine traurige Geschichte«, seufzte Sigaios mitfühlend. »So ganz ohne Moral«, brummte er, »kann man sie aber nicht stehen lassen. Was, wenn der Römer die Goschen hält und Archimedes herzzerreißende letzte Worte spricht? ›Störe meine Kreise nicht, du Unhold!‹, oder fällt Ihnen was Besseres ein?«

»Nein«, musste Eurikleia verschämt eingestehen. »Wenn man den ganzen lieben Tag im Kuhstall[53] verbringt, da kommen einem nicht solche Einfälle.«

16 Cicero entdeckt das Grab des Archimedes

5.5 Ein Epitaph für Archimedes

Ego autem cum omnia conlustrarem oculis (est enim ad portas Agragantinas magna frequentia sepulcrorum), animum adverti columellam non multum e dumis eminentem, in qua inerat sphaerae figura et cylindri.

Tusculanae disputationes. Liber quintus (64).
M. Tullius Cicero

Als die ersten hartnäckigen Gerüchte über den neuen Quästor auftauchten, witterte Potio M. Cinna Vicifex die Chance, seinem Barvermögen eine erkleckliche Anzahl an Denaren hinzuzufügen. Der Magistrat, ein gewisser Marcus Tullius Cicero, war offenbar von der fixen Idee besessen, das Grab des im zweiten punischen Krieg dahingemetzelten Archimedes ausfindig zu machen. Noch Jahre später sangen die Strassenmusikanten von Syrakus:

Als Cicero einst Quästor war,
679 Jahr
nach Gründung Roms, sofern es wahr,
da suchte er landauf, landab
nur nach des Archimedes Grab.

Cinna kannte selbstverständlich die rührselige Geschichte vom Feldherren Marcellus, der – ehe er Syrakus zum Plündern freigab – jedem einzelnen seiner blutrünstigen Legionäre einschärfte, den geometrischen Briareus zu suchen, ihn herbeizuschaffen und ihm ja kein Haar zu krümmen. Er hielt sie jedoch für reinen Humbug und den tumben Miles, der den sandrechnenden Greis, auf dessen provokantes ›*noli turbare circulos meos*‹ hin, mit einem simplen Schwertschlag erschlug, für ein nichtexistentes Phantom.

Allzu tief war Archimedes in Angelegenheiten des syrakusanischen Stadtstaates verwickelt; manche hielten ihn für den geheimen Ratgeber des letzten Tyrannen von Syrakus, Hieronymos; Marcellus musste ihn schlechterdings für den Mann Hannibals halten. Hatte er nicht mit teuflischen Mitteln, die er selbst Ingenieurkünste nannte, unzähligen Römern einen schmählichen Tod bereitet?

Kein ›*noli turbare*‹ und keine Kreise im Sand. Stattdessen vermutlich eine Kreuzigung.

Von einer Grabstätte konnte somit keine Rede sein. Da jedoch Cicero an ein Monument mit Zylinder, Sphäre und Epitaph glaubte, so konnte dem Manne durchaus geholfen werden.

Das Präparieren eines Grabes schien dabei noch das geringste Problem zu sein. Cinna hatte da einen begnadeten Steinmetz zur Hand, der sich auf das Verfertigen antik wirkender Grabsteine spezialisiert hatte. Die nennenswerte Schwierigkeit bestand darin, die geometrischen Gebilde in einem korrekten Zusammenhang wiederzugeben, der zudem in einem dazugehörigen Epitaph seine entsprechende Erwähnung finden sollte.

An Dichtern unterschiedlicher Qualität herrschte in Syrakus kein Mangel. Adepten der Geometrie waren jedoch recht dünn gesät. Besitz und Kenntnis der Schriften des Archimedes galt in Sizilien noch immer als todeswürdiges Verbrechen gegen die *res publica.*

Cinna, der so seine Verbindungen zur Unterwelt hatte, gelang es schließlich den letzten Mathematicus auf der Insel, einen bereits zum Blödsinn neigenden ehemaligen Küchensklaven, der als Pausenfüller für die Arena vorgesehen war, für den geringen Betrag von einer halben Sesterze freizukaufen. Der Mann war selbstverständlich eine Enttäuschung. Er murmelte etwas von Zylindern, Kegeln und Sphären, die einander eingeschrieben werden konnten, und nannte gar Verhältniszahlen ohne Zusammenhang. Mal war es eine Wurzel aus 2, die sich zu 1 verhielt, mal zwei Drittel zu einem Ganzen; doch was genau wann galt, wusste er nicht mehr.

In seiner Verzweiflung beschloss Cinna auf Nummer sicher zu gehen und ließ zwei gefakte Grabsteine für Archimedes im undurchdringlichen Gestrüpp nächst dem Agrigentinischen Tor errichten. Auf dem ersten der Steine war ein Zylinder einer Kugel eingeschrieben; da der Steinmetz keine Ahnung hatte, wie man $\sqrt{2}$ auf Altgriechisch darzustellen hatte, war das Epitaph verwittert und absichtsvoll unleserlich gehalten. Der zweite Grabstein war eine wahre museale Pracht. Auf dessen Spitze konnte man einen Zylinder bewundern, der eine Sphäre enthielt. Das dazugehörige Epitaph war in elegischen Distichen verfasst, die Archimedes legendäres Ende ansprachen und als sein wesentliches mathematisches Vermächtnis das Verhältnis der Rauminhalte der kunstvoll dargestellten Körper besangen.

○ ∗ ○

Cicero war höchst erfreut, als sich ein gewisser Potio M. Cinna in Begleitung eines alten würdig aussehenden Mannes bei ihm einfand und ihm aufgeregt über einen recht seltsamen Fund berichtete. Der Greis sei der Urenkel eines im Hause des Archimedes beschäftigten Gärtners und könne auf Grund familiärer Überlieferungen die ungefähre Lage des gesuchten Grabes angeben.

Ohne zu zögern überreichte Cicero Cinna einen vollen Beutel Denare und begab sich in Begleitung des bereits betagten Cicerone, inmitten einer Rotte fackelnbewehrter Sappeure, zum Agrigentinischen Tor.

Die Nacht war inzwischen eingebrochen; der Greis wirkte übernächtig, doch nach angestrengter zweistündiger Suche erblickte ein triumphierender Cicero die hinter Dornensträucher verborgene Säule, an deren Spitze sich Zylinder und Sphäre abzeichneten. Die Sappeure arbeiteten sich bis zur Säule vor, bereinigten den Platz und boten Cicero freie Sicht auf das Objekt seiner Begierde. Die beiden Gräber zur Linken und Rechten verblieben im Halbdunkel und so übersahen Quästor und Tross das Grab des Aeneas und dasjenige der Königin Dido – beide aus dem überreichen touristischen Angebot des Cinna.

Der Rest ist Geschichte. Cicero berichtet eigenhändig über ›seinen‹ Fund in den Tusculaner Erörterungen. Das Epitaph an Archimedes Grabstein sei verwittert und nur noch in Teilen lesbar gewesen.

Wir wissen nicht, weshalb sich der greisenhafte Führer für den betreffenden Grabstein entschieden und was mit der zweiten unaufgefundenen Fälschung geschah.

Man berichtet, dass Euler einst die Abschrift des vollkommenen Epigramms in der Bibliothek des Fürsten Potjomkin[54] erblickt und für eine ganz und gar gefällige deutsche Übersetzung gesorgt habe. Sie könnte in etwa wie folgt gelautet haben:

Epitaph

Durchbohrt vom Mauernüberwinder
Miles Romanus Leuteschinder,
Ruht hier des Grübelns Fährtenfinder,
Rechner im Sand – Myriadenbinder.

Zwei Drittel Rauminhalt, nicht minder,
Nimmt ein die Kugel im Zylinder!

Dies fand er – auch die Zahl der Rinder
Des Sonnengottes noch geschwinder
Als selbst der Zahlensieb-Erfinder[55]
(*Née* zu Kyrene – keine Kinder).

5.6 Fermats letzte Zahl

> Ich habe hierfür einen wahrhaft wunderbaren Beweis entdeckt, doch ist dieser Rand hier zu schmal, um ihn zu fassen.
>
> *Bemerkungen zu Diophant.*
> PIERRE DE FERMAT

NOCH EHE DIE PEST Toulouse verließ, suchte sie den königlichen Rat Pierre de Fermat heim. Sie wählte die Gestalt des beulenbehafteten Thanatos, in einem mit Rattenfellbesatz ausgestaltetem Ornat, den Totenschädel fast verschämt hinter dem Pestarztschnabel verborgen. In der linken Hand schwenkte sie den riesigen Schröpfschnepfer und schritt einher auf einer luftigen Wolke springender schwarzer Flöhe.

Der Prinz der Amateure saß von ersten Fieberschüben gepeinigt an seinem Schreibtisch und versuchte gerade mit dem Gänsekiel Fermat'sche Primzahlen zu erjagen.

»Messire«, hustete die Pest trocken, »die Tatsache, dass ich Euch heimsuche, hat noch nichts mit Eurem nahen Ende zu tun. Ich bin, in aller Bescheidenheit, ein feuriger Liebhaber der Zahlen. Auf meiner erfolgreichen Tournee durchs Land habe ich sie stets auf Leichenbergen mit neuem Leben erfüllt. Ich darf Euch mit Stolz vom momentanen Stand berichten. In der Provence halte ich bei 65537 Trophäen.«

»Interessante Zahl«, vermerkte Fermat. »Ich darf Euch jedoch, mit aller gebotenen Vorsicht, auf meine Urheberrechte ihrbezüglich hinweisen. Sie ist mein stolzester Findling: die Primzahl, die man mittels $2^{2^4} + 1$ erhält.«

»Wie denn das, Messire!«, begehrte die Pest drohend auf. »Gehören Euch inzwischen die Zahlen, so wie mir die Bürger Okzitaniens?«

»Keineswegs, Eure Pestilenz!«, versuchte Fermat beruhigend auf die Seuche einzuwirken. »Es stehen Euch selbstredend noch sämtliche Primzahlen[56] der Form $2^{2^n} + 1$ zur Verfügung. Nur die Zahlen für $n \leq 4$, die ich persönlich überprüft, habe ich mir zu eigen gemacht.«

Manche behaupten, Fermat habe sich an diesem Abend mit sieben fiebrigen Lektionen zu den Primzahlen den Weg zur Genesung freigekauft. Ein Diener, der das Feuerholz erneuern wollte, sah den königlichen Rat im Würgegriff des schwarzen Todes zu einem Unsichtbaren sprechen.

Die Leichenträger von Toulouse erzählten hingegen jedem, der es wissen wollte, ein Pestarzt hätte die Stadt im Morgengrauen verlassen, umgeben von einem ungeheuren Gewusel an Flöhen, die es zum unverkennbaren Unbehagen des Schnabelträgers ständig schafften, sich in Gruppen einheitlicher Größe aufzuteilen.

17 Ein General, der genial: Nicolas Bourbaki

5.7 Poldavische Ammenmärchen

> Man fand ein Paket voller Visitenkarten auf den Namen Nicolas Bourbaki, Mitglied der Königlichen Akademie von Poldavien, und sogar einige Kopien der Hochzeitseinladung seiner Tochter Betti Bourbaki ...
>
> *Lehr- und Wanderjahre eines Mathematikers.*
> ANDRÉ WEIL

IM VORTRAGSRAUM des Fachbereichs Mathematik der Brown Universität hängt ein seltsames Porträt. Ein stolzer, schnurrbartbewehrter Mann in voller Generalsuniform, dessen arroganter Blick in die Ferne schweift, so als ob er nach den Gipfeln höchster mathematischer Theorien Ausschau halten würde. Für den Kenner der Höhenflüge, die von der Mathematik des XXten Jahrhunderts unternommen wurden, ist die Person, die hier abgebildet wurde, leicht zu identifizieren. Es handelt sich um die frankophile Gestalt von Nicolas Bourbaki, seines Zeichens Mitglied der Königlichen Akademie zu Poldavien.

Poldavien? Keiner der so emsigen Biographen eines Nicolas Bourbaki[57] oder Ersatz Stanislas Pondiczery konnte letztlich mit vollständiger Gewissheit die mythographischen Koordinaten eines derartigen Landes ins Fleisch und Blut einer realen Landschaft übertragen.

Launige Kommentatoren versuchten gar Poldavien aus den tiefen Schluchten des Balkans in bereits mythologisch auffällige Gebirgszüge des Kaukasus zu verlegen. Penible Kenner des Alphabets jedoch, denen jedes Kaff zwischen Pontevedrien und Ruritanien zumindest so vertraut wie das maghrebinische Metropolsk erscheint, dürften erfreut feststellen, dass es nur eines einzigen Konsonantenwechsels[58] bedarf, um von Moldavien aus nach Poldavien zu geraten.

Über die frühe Geschichte Poldaviens darf tabulos gerätselt werden. Nach der vernichtenden Niederlage der Goldenen Horde gegen die Krieger der Rus soll ein griechischer Mönch das Alphabet aus Athos nach Poldavien gebracht haben. Mit der Schrift hatte auch das klassische Bildungsideal nach eher mentalitätsmäßig denn topographisch begründbaren Umwegen das poldavische Kernland erreicht.

Die Primaner konnten die heimische Variante von Ciceros Catilinarischer Rede

Quo usque tandem, Катерина, бежешь срать в нашем кукуруце?...[59]

selbst im Schlaf aus dem Stehgreif zitieren.

Der in Poldavien weltberühmte Dichter Smolenowicz hatte sogar die Landeshymne um einen den antiken Paradoxien gewidmeten Vierzeiler erweitert:

In Poldaviens Gefilden
Stecken Kröten unter Schilden
Und, weil's Zeno grad so will,
Holt sie nie ein der Achill.

Trotz dieser überaus günstigen Vorzeichen muss das singuläre Auftauchen jenes Doppelgestirns der poldavischen Mathematik, dessen universelle Bedeutung erst außerhalb der Landesgrenzen zur völligen Entfaltung kam, für jeden ernsthaften Wissenschaftshistoriker wohl ewig ein Rätsel bleiben. Dem traditionell eher kunstbeflissenen poldavischen Publikum wurde der Sachverhalt im Rahmen einer unnachahmlichen Theateraufführung des Stückes ›Romeo und Julia in Poldavien‹ nahegebracht, von dem in Folge der Kriegswirren nur das Einleitungscouplet (als Graffito an der Wand der einzigen öffentlichen Toilette) erhalten blieb:

Zwei Häuser waren - gleich an Mäßigkeit -
Hier in Poldavien, wo die Handlung steckt,
Durch manch Zitat zu neuem Kampf bereit,
Wo Druckerschwärze jeglich' Manuskript befleckt.
Aus dieser Feinde Hülle, separiert,
Durch Klassenkörper, Filter induziert
Das Leben zweier Liebender entsprang,
Zu voller Blüte, doch die währt' nicht lang.

Die Lebensgeschichte Bourbakis und seines mathematischen Widersachers Pondiczery begann in einem Hinterhof in Poldavien. Das Schicksal hatte sie trotz erheblichen Altersunterschieds schon frühzeitig zu Feinden gemacht und es verblies beide gegen Ende der Zwanziger Jahre in die weite Welt.

Pondiczery war es gelungen über Ellis Island in die Staaten zu gelangen. Nach einer kurzen Karriere als Tellerwäscher besuchte er die Abendschule in Walla Walla, studierte in Harvard und nahm den Namen Ralph P. Boas, Jr.[60] an, ohne den entsprechenden Senior um Erlaubnis zu fragen.

Bourbaki hatte einen anderen Weg gewählt. Da er wie kein Zweiter ›Frère Jacques‹ im mehrstimmigen Solo singen konnte, blieb nur Frankreich als Ziel seines Lebenstraumes übrig. In kürzester Zeit hatte er sich das seltsame Argot der Mathematik angeeignet und errang auf Grund seiner Fähigkeiten und einem Hang zur geistigen Mimikry unter unterschiedlichen Namen bedeutende Positionen an renommierten französischen Universitäten.

Als eine Art Fantômas der Mathematik schlüpfte er – man ist versucht zu sagen: simultan statt nacheinander – in die körperliche Hülle eines Delsarte, Dieudonné, de Possel, Serre, Schwartz und André Weil, um nur einige seiner Identitäten zu nennen. Im Laufe der Jahre wechselte er die angenommenen Persönlichkeiten wie gebrauchte Hüte und lebte in polygamer Eintracht mit zahllosen besseren Hälften zusammen. Den Ehefrauen schien dies durchaus bewusst zu sein. Im Goldenen Buch des Mathematikers Rolf Nevanlinna, Finland, findet sich unter dem mit Autograph versehenen deutschsprachigen Epigramm des Nicolas Bourbaki:

Soll ich ein langes Gedicht ersinnen? Sätze beweisen?
Zu schön, was ich erlebt. Ein Wort nur bleibt mir Merci.

der zarte Hinweis von Eveline Weil:

(Traduit du poldéve par A. Weil)
Une des femmes de Bourbaki.

Mit einer gefährlichen Mischung aus Argwohn und Neid hatte Boas (d.h. Pondiczery) den Höhenflug Bourbakis verfolgt. Seine Versuche Bourbaki zu enttarnen, wurden hartnäckig ignoriert. Somit griff er zu einer List. Als mathematisch interessierter Großwildjäger H. Pétard warb er unerkannt um Betty, die einzige Tochter Bourbakis.

Alles kam, wie es kommen musste. Betty erlag dem Charme Pétards. Die kostspieligen Hochzeitseinladungen[61] wurden ausgeschickt, ohne dass der auf allzu vielen Hochzeiten tanzende Bourbaki sie Korrektur lesen konnte. Als er sie am Morgen der Hochzeit, nachdem es offensichtlich war, dass der Bräutigam sich aus dem Staub gemacht hatte, erblickte, traute er seinen Augen nicht. Im oberen rechten Feld der Einladung, dort wo üblicherweise die Eltern des Bräutigams voller Stolz die Rolle der zur Hochzeit Einladenden zu übernehmen hatten, prangte der widerwärtige Name des Ersatz Stanislas Pondiczery, der höhnisch Pétard als sein Mündel ausgab.

Bourbaki beschloss, sich für diesen Affront Genugtuung zu veschaffen. Für eine Blutrache à la Poldavien war er inzwischen zu zivilisiert. Es fiel ihm nur ein Weg ein, Pondiczerys Stamm bis in die Generation seiner Enkeln leiden zu lassen. Wohl würden auch Unschuldige zum Handkuss kommen, doch dies nahm er billigend in Kauf.

Der dämonische Plan war geboren; es sollte mehr als ein Vierteljahrhundert dauern, bis seine unheilige Saat aufgegangen war. Der namenlose abstrakte Schrecken kryptischer mathematischer Strukturen setzte sich danach weltweit in den Lehrplänen der Schulen fest. Man nannte ihn: ›die Neue Mathematik‹.

5.8 Der israelische Gauß

So, sagte Büttner und griff nach dem Stock. Sein Blick fiel auf das Ergebnis, und seine Hand erstarrte. Er fragte was das solle.

Fünftausendfünfzig.

Was?

Die Vermessung der Welt.
DANIEL KEHLMANN

UNZÄHLIGE SCHAREN mühsalbeladener Grundschullehrer – vom ewigen Kreidestaub zur intellektuellen Kurzatmigkeit verurteilt – dürften gar insgeheim vom an sich gänzlich unwahrscheinlichen Glücksfall träumen, inmitten der ihnen anvertrauten (Zahlen wiederkäuenden) Herde einen neuen Gauß zu entdecken.

Einen ähnlichen Traum hegte wohl ein israelischer Büttner. Die Aufgabe, die er seinen Schülern stellte, tauchte als geschickt getarnter Trojanischer Leuchter in der Vorhut des nahenden Chanukka-Festes auf. Der spezielle Kerzenhalter, der den Zauber dieses Festes entfacht, verfügt über einen Hilfsarm und acht Hauptarme, die allesamt als Kerzenträger in einer strikt vorgegebenen und wachsenden Reihenfolge an acht aufeinander folgenden Abenden ihre Lichterbotschaft versenden. Am ersten Abend leuchten nur der Hilfsarm und der erste Kerzenträger links. An jedem folgenden Abend ersetzt man die bereits benützten Kerzen und erhöht die Anzahl der anzuzündenden Kerzen, von links an gemessen, jeweils um eine.

Die Frage, die der Lehrer nunmehr den Schülern aufbürdete, schien einfach: wie viele Kerzen werden insgesamt angezündet? Kummer gewohnt, machten sich die Kinder ans Rechnen und da geschah es, das Unglaubliche. Bereits nach zwei Sekunden platzte ein Dreikäsehoch[62] mit einer Gauß'schen Antwort heraus: »44 Kerzen sind's!«

Dem Lehrer verschlug es merklich die Sprache. Für einen kurzen Augenblick hatte er die Vision des genialen Schülers, der vier mal Kerzensummen von 11 im Kopf bildete: die zwei Kerzen vom ersten Tage plus den 9 Kerzen am letzten, danach die drei Kerzen vom zweiten Tage und die 8 Kerzen am vorletzten und so glorreich weiter, wie Gauß im Büttner'schen Himmel.

»Wie kamst du bloß drauf?« wollte er schließlich wissen.

Die Antwort des Dreikäsehochs erfolgte prompt: »Das steht doch auf jeder Schachtel mit Chanukka-Kerzen drauf!«

5.9 Das Problem des Prüfers

Kurt überflog die Angaben. Es war fast unheimlich, wie gleichgültig es ihn ließ, dass er sie nicht verstand.

Der Schüler Gerber.
FRIEDRICH TORBERG

MIKULAŠ L. HATTE DIE AUFGABEN für die bevorstehende Prüfung aus Planungsmathematik sorgsam ausgewählt und in seiner schönsten Reinschrift festgehalten. In den frühen 70er Jahren war freilich noch keine Rede von PCs und das bewährte Procedere bestand darin, die Reinschrift mittels Schreibmaschine und Sekretärin in eine zur Vervielfältigung geeignete Matrize zu verwandeln.

Die Schreibmaschine war dabei noch das geringste Problem. Wie gut sich mittlerweile die Institutssekretärin im eigenartigen Wortschatz der Optimierungstheorie zurechtfand, konnte man nicht zuletzt folgenden zwei Strophen entnehmen, die im Untergrund kursierten:

Ich hatte gestern ein Problem
Und das war *nichtkonkav*.
Es war mir höchst unangenehm,
Denn ein derartiges Problem
Verhält sich selten brav.

Ich fand im *Collatz-Wetterling*[63]
Nicht Lösung und nicht Rat.
Da riet mir, Gott sei Dank, Frau Fink
Ab von dem *Collatz-Wetterling*,
Was ich mir streng verbat.

Zur fraglichen Zeit konsumierte Frau Fink jedoch ihren Bildungsurlaub und so musste sich eine mit den Widrigkeiten der Optimierungstheorie noch nie in Berührung gekommene Ersatzkraft den linguistischen Herausforderungen der Prüfungsaufgaben stellen.

Nach vollbrachter Arbeit überflog Mikulaš das Schreibmaschinenblatt und gab es zur Vervielfältigung frei. Die xerokopierten Exemplare wurden danach im Hochsicherheitstrakt des Sekretariats aufgetürmt, um am nächsten Tag Prüflingsherzen mehr oder weniger freudig zum Schlagen zu bringen. Dies war jedoch keinesfalls die erste Reaktion, die sie hervorrufen sollten.

Einem wohlmeinenden Kollegen[64] fielen nämlich am gleichen Tage, nach eingehendem Studium der Prüfungsangaben, zwei entzückende Verballhornungen mathematischer Begriffe auf, die den Aufgabenstellungen eine unnachahmlich pikante Note verliehen. Die erste Aufgabe verlangte den Kandidaten die Bestimmung der *Kaffezunten* des linearen Optimierungsproblems ab, wobei man nicht notwendigerweise ein Etymologe sein musste, um den Ursprung des Wortes als *Koeffizienten* zu identifizieren.

Die zweite Aufgabe erreichte jedoch einen Grad an Direktheit, der selbst für die Stadt Sigmund Freuds nicht von vornherein selbstverständlich ist. Die an die Prüflinge gerichtete Anforderung lautete pur, simpel und unmissverständlich: ›Lösen Sie das *anale* Problem‹. Wessen anales Problem hier tatsächlich einer Lösung bedurfte, war nicht so ohne Weiteres klar, und so ergänzte der wohlmeinende Kollege – wohlwissend, dass es sich hierbei nur um das *duale* Problem der linearen Optimierung handeln könne – den fehlenden Querverweis zu einem launigen ›Lösen Sie das *anale* Problem des Prüfers‹.

Ein dergestalt verbessertes Aufgabenblatt fand seinen Weg in das Postfach des zu therapierenden Patienten mit der durchaus erfreulichen Aussicht, den Adressaten zu spät zu erreichen – eine fatale Fehleinschätzung, derentwegen die Studierenden bei einer Prüfung aus Planungsmathematik auch dieses Mal nichts zu lachen haben sollten.

5.10 Der Mathematiker, der aus der Kälte kam

> Fred, der vorm Weltkrieg in die Schweiz entfloh,
> Eröffnet ein Spion-Expreß-Bureau.
>
> *Kriminalsonette.*
> LUDWIG RUBINER ET AL.

AM HÖHEPUNKT DES KALTEN KRIEGES klingelte eines schönen Morgens das Telefon des Instituts für Unternehmensforschung an der Technischen Hochschule zu Wien. Der diensthabende Assistent hob ab und wurde augenblicklich in den Strudel beträchtlich geheimer Aktivitäten der Landesverteidigung hineingezogen.

Wie es sich im Laufe des detaillierten Gespräches herausstellen sollte, hatte das Österreichische Bundesheer eine Software zur Planung und Optimierung militärischer Ressourcen aus dem reichen Fundus der Deutschen Bundeswehr erworben. Auf Grund der im Programmpaket enthaltenen Algorithmen der Mathematischen Optimierung, war man nunmehr auf der Suche nach einer sachgerechten Beratung.

Sich ganz in seinem Element fühlend, ließ der Assistent die Sternschnuppen seines Fachwissens aufleuchten. Sein Gegenüber hörte andächtig zu, um ihn nach etwa 10 Minuten unerwartet zu unterbrechen.

»Was sind Sie eigentlich für ein Landsmann?« verlangte er zu wissen. Der nicht zu überhörende Akzent hatte offenbar eine innere Alarmsirene aufheulen lassen.

»Slovakischer Staatsbürger« antwortete das entlarvte Sicherheitsrisiko. Der Mann am anderen Ende der langen Leitung schwieg betreten und setzte dann fort.

»Könnten Sie nicht einen anderen Mitarbeiter ihres Instituts an den Apparat holen?«

»Gerne«, antwortete der Befragte. »Es ist noch der Kollege Mehlmann da. Der ist jedoch in Rumänien geboren.«

Der Hörer wurde kommentarlos aufgelegt.

∘ ∗ ∘

Obwohl die Wahrscheinlichkeit, dass unser Institut wegen dieser Affäre auf einer schwarzen Liste des Heeresabwehrdienstes gelandet sein könnte, nahezu an Null grenzte, beschloss ich den Verdachtsmomenten in Sonettform neue spöttische Nahrung zu geben.

Die sowjetische Botschaft war ja nur 666 Meter Luftlinie vom Institutsgebäude entfernt. Eine lebhaft Richtung Osten wehende Windböe vorausgesetzt, boten sich durchaus originelle Optionen an, abhörsichere Geheimnachrichten zu übermitteln.

Das Geheimsonett

Das Haar ergraut im Dienste des Geheimen,
Hat er schon manchen Fall heraufbeschworen.
Wird wo gemunkelt, spitzelt er die Ohren
Und schreitet unauffällig zwischen Reimen.

Gelingt's ihm nicht, dich ab sofort zu leimen,
So wärest wahrlich besser ungeboren,
Denn er besprüht Dich, emsig, unverfroren,
Mit frisch mutierten Hustenkrankheitskeimen.

Ich sah ihn jüngst, mit flackernder Pupille
Ein rot belegtes Butterbrötchen kauen;
Er wird es wohl auf einen Sitz verdauen

Und ohne Angst vor drohender Pönale
Versendet er kodierte Duftsignale
Vom kalten Rande der Toilettenbrille.

sechs

Poetische Mathematik

Der vorliegende Seitensprung beschäftigt sich mit poetischen Aspekten der Mathematik, ohne die Akribie aufzubringen, das zarte Verhältnis zwischen Mathematik und Dichtung bis ins letzte Detail auszuleuchten.

Den mathematischen Spuren in der Literatur ist bereits erfolgreich Knut Radbruch[65] nachgegangen, um die Neigung der Dichter, Mathematik in Verse oder Prosa zu gießen, festzuhalten. Das Kapitel der poetischen Mathematik richtet sein Augenmerk auf die andere Seite der Medaille.

Im ersten Teil wird der verschlungene mathematische Pfad hin zur Klippe der experimentellen Poesie anhand beispielhafter Muster nachgezeichnet. Der zweite Teil enthält eine Auswahl heiter-grotesker mathematischer Gedichte aus mehr als 30 Jahren gemischten Doppels als Mathematiker und Poet auf Zuruf an der Technischen Universität zu Wien.

18 Der Prinz des Dada

6.1 Mathematik und Dichtkunst

Dann, mit vierzig, sitzt ihr,
o Theologen ohne Jehova,
haarlos und höhenkrank
in verwitterten Anzügen
vor dem leeren Schreibtisch(,)

Die Mathematiker.
HANS MAGNUS ENZENSBERGER

ENZENSBERGER HAT ES AUF DEN PUNKT GEBRACHT. Im schönsten Gedicht deutscher Zunge über die Mathematik und ›Die Mathematiker‹[66] erlebt man die Letzteren so, wie sie wohl sind. Ein prüfender Blick in den Spiegel genügt, um das köstliche Zerrbild zu bestätigen, das aus dem Füllhorn seiner literarischen Begabung gleichmäßig über alle ›Theologen ohne Jehova‹ ausgeschüttet wird.

Haarlos und höhenkrank hatte ich bis zuletzt der Umwelt den Blick auf meinen leeren Schreibtisch durch chaotische Anhäufung sinnlos ausgewählter Materialien verdeckt. Es hat alles nichts genützt! Dem Vernehmen nach werden neuerdings Berufungen nur noch ausnahmslos an Kandidaten in verwitterten Anzügen erteilt – selbst dann, wenn ihnen ein Rock besser zu Gesicht stehen würde.

Doch halt. Ist das Verallgemeinern nicht an sich das ureigenste Gebiet der Mathematik? Lässt sich daher bei aller Wortarmut, die den Erbsenzählern nachgesagt wird, nichts vergleichbar Metaphorisches über Dichter feststellen?

Die Dichter

Dann, mit vierzig,
von der hechelnden Jagd nach Metaphern
im ausgedünnten Unterholz der Semantik verbraucht,
ergebt ihr euch,
o Ballettmeister ohne Metronom,
der verdichteten Schreibhemmung, o Fried,
o Thalmayr, o Schrott, o Czernin,
in der Hölle der schwindenden Auflagen.

Repliken, wie diese, sind selbstverständlich völlig wirkungslos, da auch das parodierte Original kaum als Beweis für eine Neigung der Dichtkunst zur Mathematik zu werten ist.

Enzensbergers Wissenschaftspoesie kann nur anhand der unachahmlichen Balladen seiner Geschichte des Fortschritts[67] erfasst werden. Dabei begibt sich der Dichter auf den schmalen Grat zwischen Pathos und Nüchternheit und benötigt keinen schulmeisterlichen Fingerzeig oder vorportioniertes Gelehrtenkauderwelsch vor dem lyrischen Hintergrund einer Jahrmarktsbude, um seine Botschaft zu überbringen.

Balladen der Mathematik sind kein singuläres Merkmal der deutschsprachigen Lyrik. JoAnne Growney lässt mit ihrer Ballade zu Emmy Noether den beträchtlichen Heimvorteil ihrer Doppelbegabung als Mathematikerin und Poetin erkennen.

Mein Tanz ist die Mathematik

Sie nannten dich ›der Noether‹, so als ob die Mathematik
eine rein männliche Angelegenheit wäre.
1964, etwa dreißig Jahre
nach deinem Tod, sah ich dich letztlich im Scheinwerferlicht,
auf einem Weltausstellungsplakat,
›Männer der Modernen Mathematik.‹

Kollegen priesen deine Brillanz, doch nicht ohne zuvor zu bemerken,
wie fett und gewöhnlich und ungehobelt und laut du gewesen.
Manche erwähnten deine Freundlichkeit
und den Sinn für guten Humor
und gaben letzten Endes
deine Schlüsselrolle beim Entstehen der axiomatischen Algebra zu.

1890, als du 8 Jahre alt warst,
ergriffst du bei einer Geburtstagsparty das Wort,
um ein schwieriges Mathematik-Rätsel zu lösen.
An diesem Tag hast du dich selbst (von den anderen) abgesetzt,
um jemand zu sein, dem ich folgen konnte.

Als ich dir folgte, sah ich, dass du wählen musstest
zwischen der Mathematik und einer anderen Romanze.
Harte Männer konnten beides umarmen,
für dich galt ein anderer Standard.

Ich hörte Väter sagen, tanze mit Emmy. Tue es früh
am Abend und sie wird nicht erwarten, dass du
bei ihr bleibst. Max ist nett, ein guter Freund,
und seine Tochter liebt es zu tanzen.

Falls der Tanz einer Frau
die Mathematik ist,
muss sie alleine tanzen?

Ich höre Mütter sagen, necke sie nicht.
Obwohl Emmy seltsam ist, ihr Herz ist liebenswert.
Sie hilft ihrer Mutter beim Reinemachen
und sie kann nichts dafür für ihren mathematischen Verstand.

Lehrer sagten, sie sei intelligent,
aber eher dickköpfig, streitsüchtig und laut,
ein abstrakter Denker, nicht wie wir,
und nicht bestimmt unseren Ideen den Vorzug zu geben.

Studenten sagten, es sei schwierig ihr zu folgen
und sie langweilt uns. Einige wenige in den vorderen Sitzreihen
sahen ihr zu, wie sie zur lebendigen Forschung formte,
was sie – auf ihren Schultern stehend – aufbauten.

Emmy Noethers abstrakte axiomatische Sichtweise
veränderte das Gesicht der Algebra.
Sie half uns in einfachen Begriffen zu denken,
die in deren Allgemeinheit erblühten.

Trotz Emmys Talenten
gab es immer Gründe
ihr keinen höheren Rang
oder eine Dauerstellung zu geben.
Sie ist eine Pazifistin, eine Frau.
Sie ist eine Frau und eine Jüdin.
Sie denkt nicht, wie wir es tun.

Geschichtsbücher sagen nun, dass Noether
der größte Mathematiker sei,
den ihr Geschlecht hervorbrachte. Sie sagen,
dass sie – für eine Frau – sehr gut gewesen sei.

Gerade heraus und mutig,
ohne jegliches Selbstinteresse,
von elegantem Verstand,
mütterlich und freundlich,
Trost spendend
in einer schrecklichen Zeit,
eine Dichterin logischer Ideen.

Die freie Bindung und der bewundernswert lange lyrische Atem sind jedoch nicht jedermanns Sache. Es gibt einen einfachen Test, um episch dichtende Mathematiker von denjenigen zu unterscheiden, die eher der für Satire und groteske Dichtung zuständigen dreizehnten Muse hörig sind. Er besteht darin, zu Bachmanns ›Die Anrufung des großen Bären‹ freie lyrische Assoziationen durchzuführen. Bei mir kam, beispielsweise, nur folgender Dreizeiler zustande:

Die Anrufung des großen Bären

Weißt du noch, damals,
Als wir den großen Bären anriefen
Und es ständig besetzt war?

Als noch zusätzlich der Versuch zu Paul Celan Bedeutendes zu dichten derart ungehörig verlief:

Als einstmals sang der Jan Kiepura
In Czernowitz bei Sadagura,
Rief Celan Paul laut: »Taci din gura!«[68]
Und hinterließ so einen coolen
Gesamteindruck bei den Huzulen.

war es offensichtlich. Brenn-Nessel statt Lorbeerkranz – das Kennzeichen des Pamphletisten. Vor der bedenklichen Konfrontation mit der grotesken Spielart mathematischer Poeme soll in der Folge der ernsthaften Musendichtung näheres Augenmerk geschenkt werden.

Die zur Zeit des ersten Weltkrieges virulent gewordene Auseinandersetzung zu den Grundlagen des mathematischen Denkens trug zur Bereicherung der poetische Seele bei, die der Mathematik (zumindest in platonischer Sicht) innewohnt. Ein rumänischer Mathematiker – Dan Barbilian – übertrug die in seiner Göttinger Zeit verinnerlichte Idee einer Vereinheitlichung[69] der Geometrie in die monolithischen Strophen seines ›Nebenspiels‹. Dieser Zyklus,[70] der ihm bereits in jungen Jahren – und unter dem Pseudonym Ion Barbu – eine einzigartige Stellung im Pantheon seines Heimatlandes zusicherte, stellt durch seine folkloristisch geprägten, sich auf bewusste Weise von der Hochsprache abgrenzenden, Versatzstücke den Versuch einer Verdichtung der poetischen Sprache nach bekannten mathematischen Mustern dar.

Die unmittelbare Übertragung mathematischer Ideen auf den dichterischen Output blieb jedoch der Avantgarde überlassen. Ein älterer Ansatz versucht mit Hilfe mathematischer Prozeduren, experimentelle Poesie zu betreiben.

Als verspäteter Nachfahre eines Raimundus Lullus entwickelt ein anderer Raymond, namens Queneau, eine *ars combinatoria* für bibliophile Leseratten. Die ›Hundertausend Milliarden Gedichte‹[71] sind zugleich Lyrik-Automat und taktiles Vergnügen.

Queneaus Grundeinfall[72] war es, 10 Sonette identischer Reimstruktur jeweils zeilenweise in Streifen zu zerschneiden, um durch permutierende Variation der Sonettzeilen zahllose neue Sonette zu erzeugen. Schlägt man gespannt das Buch ›Hundertausend Milliarden Gedichte‹ auf, sieht man sich zeilendünnen Lamellen gegenüber, die gefällig durch die Finger gleiten, um ein Kaleidoskop lyrischer Abgründe zu erstellen.

Tristan Tzara – der Prinz des Dada – hatte hingegen seine experimentelle Rezeptur darauf angelegt, mittels Schere ein Gedicht in die einzelnen Worte zu zerlegen und danach durch zufälliges Ziehen der Wortfetzen aus einem modisch geeigneten Hut poetisches Neuland zu beschreiten.

Der Prinz des Dada

Er kam vor Zeiten aus Moineşti[73]
Und schnitt Poeme stets in Streifen,
Wie man Bananen oft verwäscht,
Damit sie in der Sonne reifen.

Den Scheitel trug er manchmal links,
Im and'ren Auge das Monokel,
Und es bedurfte seines Winks,
Schon stürzte Opas Kunst vom Sockel.

Den wohl ausgefeiltesten Lyrikautomaten entwarf bis zur Produktionsreife Enzensberger. Sein Rezept[74] nimmt vor allem auf das syntaktische Gefüge einer zufallsabhängigen lyrischen Fertigung Rücksicht und hat – wie wohl alles bei ihm – Kopf, Hand und Fuß.

In all diesen Varianten lyrischer Automatismen wirkt der schöpferische Akt vor dem Start. Ab dem Augenblick permutierender Vielfalt übernimmt ein mechanischer oder elektronischer Vorgang das Kommando, ohne ein weiteres Eingreifen dichterischer Einfälle zu ermöglichen. Dies läuft letztlich auf eine vollständigen Entmachtung des Poeten hinaus. Aus durchaus verständlichen, wenn auch übertriebenen, Gründen würden sich klassische Musenfreunde diese Experimente wohl nicht gefallen lassen und sich mit äußersten lyrischen Mitteln zur Wehr setzen.

Sonett zur experimentellen Poetik

Gleich Hundert Milliarden mal Tausend an Sonetten!
Zählt man im Geiste mit beim Blättern der Lamellen?
Kein Leser tut sich's an, beinahe möcht' ich wetten;
Ich lass mir von Queneau die Dichtkunst nicht vergällen.

Nur fort und retrograd zu den barocken Quellen:
Sich an des Proteus' Hang fürs Permutieren gfretten;
Mit Enzensberger dann die Poesie verbellen
Als Lyrik-Automat, fixiert an Zufalls-Ketten.

Vorbei des Reimes Zauber in zarten Gartenlauben,
Den Verse-Fuß verstaucht an fehlenden Gelenken,
Denn nunmehr heißt's Metaphern aus Datenbanken klauben

Und virtuellen Schrott als Lorbeerkranz zu schwenken.
Wer braucht da noch Poeten, wenn letztlich sieben Affen
Will Shakespeares Meisterwerke in Endlosschleifen schaffen?

Es gibt jedoch eine einzige magische Ausnahme unter den Verfahren zum automatischen Generieren literarischer Texte, die das Eingreifen des Urhebers nach vollzogener Permutation geradezu unabdingbar macht. Das Anagramm.

Nur noch in den seltensten Fällen werden revolutionäre wissenschaftliche Einfälle neuerdings in Anagrammform verschlüsselt. Issac Newton, dem das Anagrammorakel ein großzügiges *Ieova sanctvs vnvs* aus der recht geschickt gewählten Vorlage *Isaacvs Nevvtonvs* zuteil werden ließ, vergrub das geniale Konzept seiner Fluxationsmethode im nichtssagenden Buchstabenhaufen

$$6accdae13eff7i3l9n4o4qrr4s8t12ux,$$

um ihn dem zweiten Brief seiner Korrespondenz mit Leibnitz anzuvertrauen.

Jahrzehnte später sollte diese Zuwendung[75] in einer obskuren Untersuchung als Beweis für Leibnitzens Schuld als Plagiator gewertet werden

Die von Anagrammzeilen ausgehende und bis auf den heutigen Tag gültige Faszination kann nicht allein durch Verweis auf Beschränkungsregeln erklärt werden, die – dem programmatischen Ansatz der Werkstätte für potentielle Literatur *Oulipo* gemäß – zum Generieren literarischer Texte prädestiniert sind.

Auf der Suche nach verborgenen Wahrheiten, die aus einer mehr oder weniger unschuldigen Textvorlage durch ein zufälliges Durcheinanderwirbeln der Buchstaben entstehen, lassen sich durchaus seltsame Ergebnisse erzielen.

Im Banne des Anagramms

Die arithmetische Matten-Oma, die im ersten Anagrammgedicht anämisch heimwärts trottet, enthält in jeder Zeile eine Permutation des Titels ›Mathematische Moritaten‹. Es werden dabei stets Umlaute durch das entsprechende Vokalenpaar dargestellt; nach Bedarf wird somit ein ›ae‹ in ein ›ä‹ verwandelt. Die selbe Rezeptur wird auch in den folgenden Beispielen eingehalten.

Mathematische Moritaten

Arithmetische Matten-Oma
Trottet anämisch heim. Am
Teetisch Harmonie-Tamtam:
Team schmäht Imitatoren,
Mama thematisiert Techno.

Maria stöhnte, machte mit.

Eichamt hemmt stationär
Tatorte mit Mähmaschine.

Aus der Parole ›Gelehrten-Kalender‹ scheint eine respektlose Beschreibung der Zunft der Hochschul-Gelehrten an die Oberfläche zu drängen.

Gelehrten-Kalender

Generell Kathedern
Entgehen! Klar edler
Kegelnde Altherren
Ernten kahle Gelder.

Helden; Kartenleger
Erhellter Gedanken.

Aus dem von der Sprachkünstlerin Margret Kreidl erdachten Schimpfwort ›Habilitierter Gandhi‹ sprudeln hingegen unaufhaltsam krause Wortbilder.

Habilitierter Gandhi

Hai hielt breitrandig
Dirigierten Thalia-BH.

Rehabilitiert hing da,
Hartleibig hinter Ida,
Digitaler Hirte hinab.

Habilitierter Gandhi
Erniedrigt halb Haiti.

Von der Zahlenfolge zum Begriff der Abzählbarkeit ist es nur ein kleiner mathematischer Schritt über einen recht großen poetischen Abgrund.

Zahlenfolge

Gazellenhof
Zahlenfolge.

Elan zog fehl,
Feenzahl log;
Flöheglanz
Floh Eleganz

Lenz, Olaf; geh‘,
Ganze Elf hol‘!

Über Abzählbarkeit

Rabauke zählte Biber
Hekate zuliebe; Barbar
Bebaut heikler Bazare.
Rabiate Brezel Hekuba
Zaubert Kabale herbei.

Zählbarkeit? Rübe ab!

Der Versuch hinter die anagrammatische Fassade der Theorie der Spiele zu schauen, liefert nur eine beschränkte Mixtur aus tieferen Erkenntnissen und lyrischem Gehalt.

Das ist ein Nullsummenspiel

Lenins Simultanimpulse; des
Alumnus mildes Tennisspiel.

Stündleins minimales Plus,
Plinius immens ausstellend;
Minislips, manuelles Tun, des
Alleinseins Mist umspulend.

Das ist ein Nullsummenspiel!

Der offenkundig ödipale Aspekt, der dem Terminus ›Nichtkooperative Spieltheorie‹ innewohnt, sollte den Spieltheoretikern hingegen in Hinkunft einiges aufzulösen geben.

Nichtkooperative Spieltheorie

Trockene iterative Philosophie.
Väterliche Ethiker-Opposition
Positioniert voreheliche Pakte.

Hit, Spielerei, echte Provokation?

Vereinheitlichter Iokaste-Popo!

Inwieweit dadurch die ›Gemeinsame Erkenntnis‹ der eventuell vorhandenen Fachidioten bestärkt wird, kann nur im Rahmen eines Anagrammgedichts mehrdeutig beurteilt werden.

Gemeinsame Erkenntnis

Riesenmengen Semantik
Keimten im Regennassen.

Sei angemerktem Sinnen
Mein Minnesängersekt.

Nimm angerissene Knete,
Nenn Regsamkeiten mies.

Kennermiene. Insgesamt
Kein Emigrantenmessen.

Die Magie des Anagramms vermag aus Worthülsen politischer Provenienz gar Erstaunliches abzusondern. Das vielversprechende ›Neu regieren‹, mit dem die schwarz-blaue Koalition des Jahres 2000 die Zügel in Österreich übernahm, wird in eine groteske Litanei verwandelt.

Neu regieren

Euern Reigen
Neu regieren.
Euer Greinen
Rege unieren.

Neuer gieren,
Eng eruieren.

Rune negiere
Innere Rüge:

Euren Geiern
Neuere Ringe.

Mit aller gebotenen Vehemenz distanziere ich mich – wie in allen anderen Fällen – grundsätzlich vom Inhalt des nachstehenden Anagrammgedichts, das mit einem realen Bundeskanzler beliebiger politischer Prägung aber schon gar nichts gemein hat.

Bundeskanzler

Lenz. Abendkurs.

Kurz blasenden
Bundeskanzler
Dunkler Absenz
Zu Bars lenkend.

Kranz besudeln.

6.2 Mathematische Poeme

Die Literaturgeschichte hat von jeher grotesken mathematischen Gedichten keinen besonderen Stellenwert zugeschrieben und sie eher als eine Art unterhaltsamen Wildwuchses auf dem von manchen als karg verschrienen Boden des Elfenbeinturms betrachtet. Doch wäre es nicht traurig um Parteigänger der Mathematik bestellt, die – den althergebrachten Bahnen des Lehrplans entsprechend – ihre Tätigkeit darin erschöpfen, die Zauberformeln der Analysis zögerlich zu beschwören und selbstvergessen an den berauschenden Elixieren der universellen Algebra zu nippen?

Wo doch selbst im nüchternsten Wortschatz der Mathematik und inmitten der prosaischsten Grammatik des Erbsenzählens der verloren geglaubte Hauch pythagoräischer Poetik zu verspüren ist?

Gegen Ende meiner mathematischen Lehrjahre fand ich den provisorischen Passierschein zwischen Mathematik und Poesie. Mein erstes mathematisches Gedicht war den problematischen Beziehungen zwischen den Zahlen gewidmet.

Das Hohelied der Vereinsamung kündet von einem verknüpfungswilligen Element q, das beim Multiplizieren im Ring der ganzen Zahlen nie auf seine Inverse treffen kann.

Die Rationalzahl

Die Rationalzahl q, seit Jänner
Durch Gottes Fügung ohne Nenner,
Wurde im Feber (laut Bescheid)
Den ganzen Zahlen zugeteilt.

Sie hatte sich nun schon mit Massen
Von ganzen Zahlen eingelassen
Und beim Verknüpfen, was normal,
Entstand so manche ganze Zahl.

Nur leider beim Multiplizieren
Schien es sie stark zu irritieren,
Dass ihr inverses Element
Im ganzen Ring nicht existent.

Doch da sie ja, bereits vor Wochen,
Jegliche Bindung abgebrochen
Zu den Gebrochen-rationalen,
Musste sie nun dafür bezahlen.

Das in den nächsten Strophen geschilderte Drama algebraischer Prägung kreist um eine (quadratische) Matrix, ihre Determinante D und den Begriff der Singularität von Matrizen.

Die Determinante

Zu der Matrix sprach die Tante
Ihrer D Determinante:
»Schaffe meine Nichte D
Rasch herbei, dass ich sie seh,

Denn sie ist, bereits seit Stunden,
Unauffindbar und verschwunden.«
Doch die Matrix zeigt verhalten
Erst der Tante ihre Spalten

Und dann, ohne sich zu eilen,
Zeigt sie ihr auch noch die Zeilen
Und erläutert, frank und frei,
Dass sie völlig schuldlos sei.

Da sie ferner, umso mehr,
Schon seit gestern *singulär*,
Habe sie deshalb, zuletzt,
Nichte D gleich 0 gesetzt.

Die Moritat von einem in seinem Ego überaus verletzten Rechteck möge als warnender Hinweis für alle Figuren der ebenen Geometrie dienen.

Das Rechteck

Ein Rechteck wurde, trotz Verlangen
In einem, wenn auch ziemlich kleinen,
Geometriebuch aufzuscheinen,
Schlussendlich einfach übergangen.

Daraufhin lief im ersten Schreck
Es weg und in den nächsten Wald
Und dorten wurde es alsbald
Fürwahr zu einem Unrechteck.

Ob Moritat oder Parabel, die Probleme, die sich ein Kreis mit anderen Kegelschnitten aufgehalst hat, bedürfen dringend einer Klärung.

Die Parabel vom Kreis

Ein Kreis verhielt sich zur Parabel
Wie weiland Kain verhielt zu Abel
Und wurde fürderhin geschnitten
Auch von den andren Kegelschnitten.

Die Schnittpunktanzahl, die dabei
Entstand, war höchstens 1+3
Für jeden Schnitt mit Kegelschnitt,
Den unser armer Kreis erlitt.

Durch Schnitt und durch Gewissenspein
Schrumpfte sein Radius nun ein
Und mit der Zeit, wie sich's gehört,
Da war die Missetat verjährt.

Doch als man dies dem Kreis gefunkt,
Da war er endlich Mittelpunkt.

Die anschaulichen Hindernisse, deren man beim Übergang zur räumlichen Geometrie gewärtig sein muss, dienen oftmals als Ausgangspunkt der tiefsten philosophischen Gedanken.

Der Kegel

Ich kannte einstmals einen Kegel,
Der kannte seinerseits den Hegel.
Der Hegel kannte zwar den Kant,
Doch Kant, Kant hat mich nicht gekannt.

So habe ich, seit er verschieden,
Den Kant in einem fort gemieden.
Obwohl dies bis zuletzt bei Leichen
Als Beispiel völlig ohnegleichen.

Das folgende Gedicht ist jedem Trugschluss gewidmet, demzufolge zwischen den Zahlen 1 und $0.\dot{9}$ (d.h. Nullkommaneun periodisch) kein wie auch immer gearteter Unterschied feststellbar ist.

Die Eins

Der Eins trat, eh' sie sich's versah,
Die Zahl Nullkommaneun zu nah.
»Sind Sie nicht« – fragte sie melodisch –
»Nullkommaneun und periodisch?«

Das heißt für alle Auserwählten,
Die damals in der Schule fehlten,
Als man die Zahlen durchgenommen
(Was sichtlich öfters vorgekommen)

Und sich deshalb zu fragen scheun:
Nullkommaneunneunneunneunneun;
Die Neuner setzen mit der Zeit
Sich fort in alle Ewigkeit.

Jedoch aus Mangel an Papier
Genügen auch fünf Neuner hier.
(Man merke sich trotzdem geschwind,
Dass es unendlich viele sind.)

»Schon möglich« – sprach ganz kühl die Eins –
»Jedoch im Namen des Vereins
Natürlicher und ganzer Zahlen
Muss ich so kurz vor neuen Wahlen

Mich jeder Äußerung enthalten,
Die nur vertiefen meine Falten
Und letztlich meiner Karriere,
Was Gott bewahr, im Wege wäre.«

Ob das nachfolgende mathematische Lehrgedicht sich so ohne weiteres in Adelskreisen durchsetzen wird, darf zumindest entschieden bezweifelt werden. Andrerseits enthält es eine korrekte Definition und ein recht amüsantes Missverständnis.

Grafentheorie

Ein Graf aus uraltem Geschlecht,
Dem war es überhaupt nicht recht,
Als er in einer *Librairie*
Den Titel ›Graphentheorie‹
Durch sein getöntes Brillenglas
Beinahe überhaupt nicht las.
Und als er dann, ganz aus Versehn,
Das kühne Machwerk durchgesehn,
Missfiel ihm nach drei Seiten schon
Folgende Definition:

Unter einem Graph versteht man ein Tripel (E, K, ν), *wobei* E *die Menge der Ecken,* K *die der Kanten und* ν *eine Inzidenzabbildung ist, die je zwei Elementen aus* E *eines von* K *zuordnet.*

Voll Staunen sah der Graf sich dann
Genau in einem Spiegel an.
Er fand die Kanten und die Ecken,
Jedoch er konnte nichts entdecken
Von einer Inzidenzfunktion.

Er fand auch nichts bei seinem Sohn.

Eine Geschichte der Mathematik in Versen ist meines Wissens noch nicht verfasst worden. Das Kapitel über Griechische Mathematik sollte mit Thales beginnen.

Thales

Der große Thales von Milet,
Fand keine Ruh von früh bis spät,
Bis er den Satz dann ausgefeilt,
(Des Inhalts) dass man durch Durchmesser
Jeglichen Kreis, ob gut ob besser,
In zwei ganz gleiche Hälften teilt.

Nach Thales kam Pythagoras (und danach Shakespeare's ›Maß für Maß‹). Pythagoras und sein Satz sind in unzähligen Versen verewigt worden. Ein Gedicht mehr oder weniger wird kaum Schaden anrichten.

Pythagoras

Pythagoras in Kroton
Wurde zu spät verboton.
Denn lang bevor er flüchten konnt'
Von Kroton Richtung Metapont,
Da fand er Muße (und auch Platz)
Für seinen sogenannten Satz.

Ach, sollten einstmals nicht Katheten
Statt Unkraut Krotons Bürger jäten?
Sie nährten blind an ihrem Busen
Pythagoras' Hypotenusen,
Die er (mit Hilfe von da oben)
Schlussendlich zum Quadrat erhoben.

Schildkrötenliebhaber sollten sich dem Zeno'schen Paradoxon verweigern, wohingegen Mathematiker gefälligst die Finger vom Experimentieren lassen sollten.

Das Zeno'sche Paradoxon

Folgendes Paradoxon
Beschäftigt mich seit Jahren schon:

Achilles könnte nie, im Laufen,
Die Siegespalme sich erkaufen,
Wenn man dem Gegner, einer Kröte
Mit Schild, nur einen Vorsprung böte.

Als Wissenschaftler irritiert
Hab ich es mehrfach ausprobiert,
Wobei unzählige der Kröten
Sekunden nach dem Start zertröten.

Omar al Khayyam ist der erste Dichter der Mathematikgeschichte, der es in beiden Disziplinen zu vollendeter Meisterschaft brachte.

Omar al Khayyam

Als Dichter Omar al Khayam
Von Nischapur nach Bagdad kam.
Als Mathematiker sodann
Von Bagdad bis nach Isfahan.

Und er bewies auf dieser Reise
Auf elegante neue Weise,
Dass manch Beweis, eh' er gelingt,
Es als Gedicht viel weiter bringt.

Die folgende ›Ode an π‹ ist zwar keine Ode, sie enthält jedoch bis auf das fragwürdige Ende durchaus Wissenswertes über die Geschichte dieser Zahl.

Ode an π

In Archimedischen Annalen
Da warst du wahrlich noch bescheiden
Und auch bei Ludolph noch in Leiden
Mit 35 Dezimalen.

Doch später konntest du's nicht lassen
Mit Transzendenz und solchen Sachen;
Am ehesten noch zu erfassen,
Wenn kleine Kinder $\pi\pi$ machen.

Über das topologische Geschlecht der Möbius'schen Schleife sind bereits etliche Gedichte verfasst worden, ohne jedoch ihre Qualität als Habitat zu erwähnen.

Auf dem Möbius'schen Band

Auf dem Möbius'schen Band,
Band mit einem einz'gen Rand,
Gleitet unten mal, mal oben,
Ohne dass man seitverschoben.

Zweidimensionale Wesen,
Die davon noch nichts gelesen,
Merken erst zwei Runden später,
Dass nun rechts ihr Herzkatheter.

Der zentrale Begriff der Markoff'schen Kette kann anhand des sprunghaften Verhaltens eines mathematisch begabten Frosches erläutert werden.

Der Frosch

Ein Frosch sprang einst diskret von *state*
Zu *state*, wie's Fröschen eben geht
So als Exempel für Progress
In einem Markoff'schen Prozess.

Nebstbei verlor bei jedem Sprung
Er jegliche Erinnerung
An jeden Sprung, den irgendwann
In der Vergangenheit getan.

Doch mit der Zeit da schwand die Kraft;
Was übrig blieb war Wissenschaft.
Der Doktorand, für den er's tat,
Erwarb dadurch sein Doktorat.

Im Operations Research (OR) – *vulgo* Unternehmensforschung oder auch Planungsmathematik benannt – werden Markoff'sche Prozesse oftmals auch als Erklärungsmuster für den Karriereverlauf in hierarchischen Organisationen herangezogen.

In einer Organisation

In einer Organisation
Versuchte seit zwei Jahren schon
Ein Mann verzweifelt aufzurücken.
Er hatte schon vor lauter Bücken

Kein Stückchen Rückgrat aufzuweisen
Und ferner konnte er den leisen
Verdacht nicht gänzlich übergehn,
Dies alles dürfte nicht geschehn,

Ging es mit rechten Dingen zu.
Des Nachts da fand er keine Ruh
Und keinen Trost bei Mutter, Vater;
Die Gattin und sein Psychiater

Erzählten überdies herum,
Dass er ein Schlappschwanz sei und dumm.
Und überhaupt half gar nichts mehr;
Drum ging er schließlich zum OR-

Experten, der ihm ungerührt
Die Theorie vor Augen führt:
»Betrachten wir die Stufenleiter,
Führt sie nach oben immer weiter

Und bringt die Promotion als Segen
Stets gleichwahrscheinlich den Kollegen.
Zu jedem Zeitpunkt lässt sich zeigen,
Dass dich (im Durchschnitt) trifft der Reigen,

Und glaubt man dem Erwartungswert,
Wie sich's für unsereins gehört,
Musst du somit mit besten Karten
Höchstens unendlich lange warten.«

Eines der faszinierendsten Gebiete der angewandten Mathematik erstellt Modelle in den Biowissenschaften. Zentrales Hilfsmittel ist jedoch auch in diesem Bereich der korrekt ausgeführte mathematische Beweis.

Der Biomathematiker

Ein Biomathematiker
– Beileibe kein Fanatiker –
Bewies (ich glaube indirekt
Und im Beweis war klug versteckt
Das *tertium non datur*),
Dass eine Fischpopulation,
Nach stattgefund'ner Extinktion,
Vor allem durch des Schicksals Schwere,
Sich überhaupt nicht mehr vermehre.

Vor welchen essentiellen Entscheidungen Richtungsvektoren manches Mal stehen, wurde von Verfechtern der analytischen Geometrie völlig übersehen.

Der Richtungsvektor

In Walde ruht auf einer Lichtung
Ein Richtungsvektor ohne Richtung,
Die er verlor vor einem Jahr,
Als sie noch perpendikular
Auf einer anderen Richtung war.

»Ich kann«, so sagt er nun bescheiden,
»Mich für 'ne neue nicht entscheiden.
Denn ist sie einmal schon gewählt,
Was weiß denn ich, ob sie dann zählt
Und ob sie dann gefällt den Ander'n,
Die in die gleiche Richtung wandern.«

Das Teufelsding Computer und die unnachahmliche Brillanz, die manche Professoren bei seiner Bedienung an den Tag legen, werden im nachfolgenden mathematischen Sonett zum Thema erhoben.

Das Computersonett

Der Schalter: On. Das Keyboard treibt es dreister
Und zwingt der Harddisk ab ein stolzes Fauchen.
Aus Bildschirmtiefen scheinen aufzutauchen
(In Monochrom) des Zauberlehrlings Geister.

Wer ihren Slang versteht, als Weitgereister,
Wird wohl der Klone Fingerzeig nicht brauchen
Und greift, noch eh' die Anschlussbuchsen rauchen,
Nach dem *Reset*, der Höllenzwänge Meister.

Nur wenige jedoch sind auserkoren,
Geweiht der Kabbala der Sonderzeichen,
Um jedem Menetekel auszuweichen.

Denn nahen sich am Ende Professoren
Dem in Taiwan erzeugten Teufelskasten,
Gibt's kein *Escape*; so sehr sie's auch ertasten.

Alle Jahre wieder nehmen verschworene Mathematiker an einem meistens offen angekündigten Geheimtreffen namens Kongress teil.

Das Kongress-Sonett

Der kleine Inder plant den Horizont
Und optimiert mit Gesten die Kontrolle.
Ein Overhead fällt plötzlich aus der Rolle.
Das Auditorium wird vom Rest ... verschont.

Der Wissenschaften Hohelied (vertont)
Erklingt von früh bis spät und Protokolle
Entweihen schamlos das Geheimnisvolle;
Nichts Neues, scheint es, an der Forschungsfront.

Buffet am Gang. Verteidigungsdoktrin:
›Ist Katastrophentheorien zu traun?‹
Man führt Gespräche, tief, bedeutungsschwer.

Als Ort der Handlung: Landeshauptstadt Wien.
Und Laureano Escudero, Faun,
Ist hinter Dr. Kathryn Stecke her.

6.3 Akademische Balladen

Die eigenartige Welt des Elfenbeinturms kann beim besten Willen nicht prosaisch beschrieben werden. Balladen und Pamphlete sind eher in der Lage mit der archaischen Hierarchie der fliegenden Insel Laputa augenzwinkernd zurechtzukommen.

Die Basis der akademischen Pyramide wird von den dienstbaren Geistern der Assistenten bewohnt, deren Halbwertszeit durch eine fatale Mischung aus Vetragsablauf und Forschungsoutput definiert werden kann.

Der Assistent

Am Unternehmensforschungsklo
Da hängt ein Assistent.
Ja fragt denn keiner nicht, wieso
Die Wasserspülung rennt?

Legt zu den Akten man den Fall,
Noch eh' man ihn versteht,
Derweilen sich der Erdenball
Gemütlich weiterdreht?

Sein Antlitz weiß, die Schatten lang;
Im Aufriss schwankt er still.
Und der Erinnyen Gesang,
Ob er was sagen will?

Und Sonderzeichen an der Wand
Als Zeichen seiner Qual.
Begleitet ihn ins Totenland
Was gestern optimal?

Er baumelt perpendikular
Zu einer bess'ren Welt,
In der ein Chef ihn übers Jahr
Definitiv gestellt.

Wenigen Auserwählten aus dem Pulk der dienstbaren Geister winkt der erlösende Ruf zur Professur. Manche verdanken diesen Karrieresprung auch ihrem angeborenen Charme.

Die Professur

Die Professur fand ihn bereit.
Ein echter Mann zur rechten Zeit
Ist seines Rufs gewiss.

Denn schließlich droht als Konsequenz
Drei Tage physische Präsenz
Bei strahlendem Gebiss.

Soferne man als Deputat
Mehr Stunden als die Woche hat,
Ist kein Gehalt zu mies.

Für einen wahrhaft klugen Kopf
Wird ja der Reisekostentopf
Zum Spesenparadies.

Der Demiurg

Herr Hartl ging als Demiurg
Von Wien ins ferne Magdeburg.
Dort lehrt den Preußen er zum Hohn
Allg. Bwl. und Produktion.

Von Sachsen-Anhalt bis Berlin
Verfällt man Wiener Disziplin.
Die Ossis prompt auf Vordermann
Bringt Hartls k.u.k.-Elan.

Man grüßt nun Gott und nicht mehr ›Tach‹;
Sein ›Küss die Hand‹ macht Frauen schwach.
Ganz Magdeburg, man glaubt es kaum,
Versinkt in einem Walzertraum.

Noch bevor man Professor werden kann, wartet die erste akademische Hürde auf die sprungbereiten Spunde: die Habilitation.

Die Habilitation

Jetzt ist's passiert,
Ganz ungeniert
Hat Herbert sich habilitiert.

Den Windeln schien er kaum entwachsen
Und spricht von Ordinatenachsen,
Von Trägheit, Rationalität
Und Dingen, die nur er versteht.

Die Kommission
Bestaunet schon
Klein Herberts kompetenten Ton,

Der, wenn es auch vermessen klingt,
Weit über'n Teich nach Harvard dringt.
Wir wünschen ihm, dass es so sei,
Denn dann ...
... wird seine Stelle frei!

sieben

Schaurige Mathematik

Der letzte Seitensprung, zu dem wir unsere geneigten Leser verleiten wollen, entbehrt jeder lyrischen Kategorie. Unter spöttischem Trommelwirbel wird da die Gattung des Schauerromans (in Fortsetzungen) mit der Erzähltechnik der Detektivgeschichte vermengt, um die ungewöhnliche Verpackung für eine veritable Mathematik des Schreckens zu erzeugen. Die Memoiren des Mathematikers Moriarty äffen einerseits die schwarze Romantik eines Stoker, den detektivischen Duktus Conan Doyles und den szientistischen Mystizismus Umberto Ecos nach, ohne jedoch die schwankende Trennlinie zwischen Ernst und Farce dem Erzählstrom oder den wie Treibgut auftauchenden mathematischen Formeln eindeutig zuzuweisen. Der Leser sei im Vorhinein gewarnt. Er hat es hier mit einer schamlosen Parodie zu tun.

19 Jenseits der Themse

7.1 Ein Palimpsest zu Kronstadt

Natürlich, eine alte Handschrift.

Der Name der Rose.
UMBERTO ECO

DER VERREGNETE SEPTEMBER des Jahres 1983 ließ mir auf dem Tiefpunkt einer gemeinhin als Habilitation verkannten Schaffenskrise keine andere Wahl, als mein Heil in einer Kongressteilnahme zu suchen, mit der fragwürdigen Absicht, ein anders nicht zu verwertendes Elaborat in den Berichten zum wissenschaftlichen Programm unterzubringen. Da die Deadlines für die touristisch interessanteren Veranstaltungen schon seit geraumer Zeit abgelaufen waren und mein zu oft aufs Spiel gesetzte Renommee die engen Grenzen des angestammten Forschungsgebietes zu sprengen suchte, erschien mir die vom Zentrum für Mathematische Statistik der Rumänischen Akademie der Wissenschaften in Brasov (vormals Kronstadt) veranstaltete Seventh Conference on Probability Theory als zwar kurzfristiger, jedoch zuverlässiger Rettungsanker.

Die Kronstädter Reise stand von Anbeginn unter keinem günstigen Stern. Die kärgliche ministerielle Unterstützung ermöglichte nur eine zweitklassige Bahnfahrt, die ich unter Platzangst verursachenden Raumbedingungen mit der Vorbereitung des auf Overheadfolien gezogenen Formelwerks verbrachte.

Der Programmausschuss hatte meinen Beitrag aus unverständlichen Gründen der Sektion ›Miscellanea‹ zugeteilt. Ich beschloss die Kränkung kommentarlos hinzunehmen, zumal der vorgesehene Vortragstitel – ›Ein Differentialspiel zu Goethes Faust‹ – ein Mindestmaß an interessierten Hörern anzuziehen schien. Nach einer vom Sektionsleiter launig vorgenommenen Einleitung, hielt ich mich auch nicht lange mit den Preliminarien auf und umschiffte geschickt die tückischen Hürden der Modelldefinition.

Kaum hatte ich jedoch zur wahrscheinlichkeitstheoretischen Interpretation der Teufelswette angesetzt, da versagte mir der Projektor seinen Dienst, im fensterlosen Vortragsraum ging das Licht aus und eine eilig herbeigeschaffte Kerze degradierte den Rest meiner Ausführungen zu einem kryptischen Schattenspiel.

Das Fiasko war vollkommen, als sich bei der anschließenden Diskussion der örtliche Doyen der wirtschaftsmathematischen Abteilung zu der Frage verstieg, auf welchem praktischen Gebiet denn die wahre Anwendung des Modells läge. Ehe ich mir die Zunge abbeißen konnte, sprach Mephisto aus meinem Munde: ›Grün, teurer Freund, ist alle Theorie, und grau des Lebens goldner Baum‹. Die leidlich originelle Antwort stieß auf betretenes Schweigen.

Nach und nach verließen die Ratten das sinkende Schiff. Abgekämpft, doch ungebrochen, sammelte ich die Scherben meiner wissenschaftlichen Reputation auf.

»Gestatten Sie, dass ich mich vorstelle.« Ich hatte ihn nicht näherkommen sehen. Der selbstsicher wirkende Mann von unverwechselbar britischem Aussehen sprach in einem Deutsch, das womöglich noch schlechter war als meines. Ich warf einen flüchtigen Blick auf die mir überreichte Visitenkarte.

E.C.O. HUMBERT, Ph.D.,
Semiotician
The DRACULA Society
Credo Quia Impossibile

Statt mir eine Gelegenheit zum Überlegen einzuräumen – ich muss wohl einen ziemlich ratlosen Gesichtsausdruck aufgesetzt haben – ergriff der nunmehr Bekannte das Wort, ohne die Bereitschaft erkennen zu lassen, es irgendwann abgeben zu wollen.

»Ich bin auf der Suche nach einem Mathematiker, der sich seinen Sinn für das Übernatürliche bewahrt hat.« Ich lächelte gezwungen.

»Lassen Sie sich bitte nicht von Nebensächlichkeiten ablenken.« meinte er mit einem Seitenblick auf die dritte Zeile seiner Besuchskarte und senkte dabei seine Stimme, obwohl sich im noch immer verdunkelten Vortragsraum keine weitere Menschenseele aufhielt.

»Die Angelegenheit um die es geht, kann nicht ernst genug genommen werden. Ich will es, in Anbetracht der mir noch zur Verfügung stehenden Zeit, so kurz wie möglich machen.«

Erst jetzt fiel mir sein bedenklicher Allgemeinzustand auf. Er war wohl seit Nächten unausgeschlafen und seine müden, melancholischen Augen ließen nunmehr eine Spur von Fatalismus erkennen, die seinem äußeren Erscheinungsbild zu widersprechen schien.

»Mitte August geriet mir ein Buch aus der Hinterlassenschaft einer gewissen Rose Abbot in die Hände: Montague Summers' ›The Vampire in Europe‹, published by Kegan Paul, Trench and Trubner in 1929. Es war keine wie auch immer geartete bibliophile Kostbarkeit, denn ich besaß zumindest zwei weitere Exemplare der Erstausgabe, darunter eines mit dem Autograph des Verfassers. Ich entschied, es dennoch meiner Büchersammlung einzuverleiben.

Beim Durchblättern fiel mir auf, dass die Seiten des fünften Kapitels, das den bezeichnenden Titel ›(The Vampire in) Russia, Roumania and Bulgaria‹ führt, von anderer Art waren als die übrigen. Das Material schien fester, der Text war nicht mehr in Gill's Perpetua sondern in Baskerville gesetzt und die merklich vergrößerten Zeilenabstände hatten das Kapitel auf das Dreifache des in den Standardausgaben üblichen Seitenumfanges aufgebläht. Zwischen den Zeilen schien das Papier eine ungewöhnliche Konsistenz aufzuweisen. Unter natürlichem Sonnenlicht, ja selbst bei beträchtlich künstlicher Beleuchtung, war außer einer schattenhaften Transparenz nichts zu bemerken. Ich tat das Naheliegende, nahm einen Fön in Betrieb und bewegte ihn vorsichtig von Vorderseite zur Rückseite. Wie durch Zauberhand füllte sich der freie Zeilenzwischenraum in einer strengen, vereinzelt von mathematischen Formeln unterbrochenen, kyrillisch und methodisch wirkenden Miniaturschrift. Jetzt war Eile geboten. Die Hand drohte zu verblassen, noch ehe sie entziffert werden konnte. Ich fertigte aus Sicherheitsgründen jeweils eine getrennte Abschrift des Formel- und Textteiles an, vermied es jedoch, unvorbereitet ans Werk zu schreiten. Des Rätsels Schlüssel musste woanders liegen. Vielleicht beim Namen der Rose?«

Seine Frage war wohl rhetorisch gemeint, denn, ohne eine Antwort meinerseits abzuwarten, fuhr er entschlossen fort.

»Rose Violett Abbots Mädchenname ließ sich, als Ergebnis genealogischer Kleinarbeit, unschwer mit Moriarty identifizieren. Noch war der Groschen nicht gefallen, doch spätestens beim Durchforsten des Familienstammbaumes, wurde ich fündig. Des Mädchens Oheim war DER MORIARTY, Professor für Mathematik an kleineren Universitäten, Autor der – aus Mangel an geeigneten Fachreferenten – nie besprochenen, jedoch als meisterlich eingeschätzten ›Dynamik eines Asteroiden‹. Von Sherlock Holmes, Baker Street, als Napoleon des Verbrechens enttarnt, hatte er in den Abgründen der Reichenbach-Fälle sein vermutlich nasses Grab gefunden. Sollte Professor Moriarty der geheimnisvolle Urheber der palimpsestischen Botschaft sein? Bereits die ersten unverständlichen Zeilen enthielten den erhofften Fingerzeig. Ich konnte – so mich meine beschränkten Kenntnisse des kyrillischen Alphabets nicht in die Irre führten – die Namen *Дракулеа* (Dracula), *Ольмс* (Holmes) und letztlich *Морярти* (Moriarty?) entziffern. Da ich den informellen Teil des Manuskriptes für eine Art Kirchenslavisch – das Linear B der Karpaten – hielt, suchte ich fachmännischen Rat. Die Philologen waren hilflos und verwiesen mich an eine höhere Instanz – ein dichtender Eigenbrötler, der seinen Arbeitsurlaub in Kronstadt verbrachte, um das erste multilinguale Wörterbuch Dakisch-Huzulisch-Transsilvanisch aus der Taufe zu heben. Ich beschloss, ihn ohne Umstände auf- und heimzusuchen.« Humbert schien merklich zu zögern, bevor er fortfuhr.

»Er empfing mich in miserabler Laune,« sprach Humbert, »warf einen eher oberflächlichen Blick auf die ihm entgegengehaltene Abschrift, drückte mir die Korrekturfahnen seines Wörterbuches in die Hand und verabschiedete mich herzlos. In mein Hotel zurückgekehrt, fand ich die Zimmertür aufgebrochen, die Koffer durchwühlt; nur mein kostbares Palimpsest fand ich nicht – es war unwiederbringlich verschwunden. Auf meine Beschwerden hin versagte mir die Hotelleitung jeglichen Beistand; an der Rezeption war ein Kuvert für mich abgegeben worden. Es enthielt fünf Orangenkerne und eine Warnung: ›Hände weg von Sherlock Holmes.‹«

Die hintergründige Erzählung hatte mich in ihren Bann gezwungen. »Die fünf Kerne.« brach es aus mir hervor. »Was hat es mit den fünf Orangenkernen für eine Bewandtnis?«

»Das«, lächelte Humbert bitter, »ist das Seltsamste an der ganzen Geschichte. Der Briefumschlag ist Kronstädter Ursprungs und enthält keinen Hinweis auf einen Absender. Andererseits gibt es wohl zur Zeit in ganz Transsilvanien keine einzige Orange. Irgendjemand will mich glauben machen, dass die Sherlock Holmes-Gesellschaft hinter dieser Todesdrohung steckt. Wie ernstzunehmend sie ist, hat noch jeder Adressat dieser fruchtbaren Botschaft erleben müssen. Daran hat auch der Meisterdetektiv nichts ändern können.«

Erst später wurde mir seine Anspielung klar. Sie bezog sich auf den Fall ›The Five Orange Pips‹, der im Jahre 1891 im ›Strand Magazine‹ veröffentlicht wurde. Dr. Watson, Holmes' Biograph, verwendete hiebei das lächerliche Pseudonym: Sir Arthur Conan Doyle.

»Ich war somit auf das Schlimmste gefasst,« gestand Humbert »als ich heute früh das Hotel verließ, um die mir verbliebenen Duplikate in Sicherheit zu bringen. Schon nach den ersten Metern spürte ich instinktiv, wie mir jemand folgte. Fährtenwechsel und andere konspirative Techniken schlugen nicht an. Auf der Höhe der Universität stieg ich in einen zur Abfahrt bereiten, überfüllten Trolleybus ein, kämpfte mich zum vorderen Ausstieg vor, den ich – ehe die Türen hermetisch schlossen – zur Flucht nutzte. Triumphierend nickte ich meinem Schatten zu, der sich – in den Menschenmassen eingekeilt – dem öffentlichen Verkehr anvertrauen musste. Der Rest der Geschichte ist einfach erzählt. Einer plakatierten Tagungsankündigung folgend, begab ich mich unter die Fittiche der Alma Mater Draculeana; bei Durchsicht des in der Aula aufliegenden Vortragsprogrammes stolperte ich über das Differentialspiel zu Goethes Faust.«

Humberts Redefluss war sichtlich versiegt; er schien meine Entscheidung abzuwarten. Ich schlug ihm vor, mir seine Unterlagen anzuvertrauen. Die Tagung war für weitere drei Tage angesetzt. Ich würde in dieser Frist Moriartys Botschaft auswerten und mich sodann an einem Ort seiner Wahl mit ihm treffen.

Er könnte in der Zwischenzeit, um seine Spuren zu verwischen, die malerische Umgebung der Stadt besichtigen; das imposante Kastell Bran und die Wehrkirchen der Siebenbürger Sachsen waren für eine derartige Tour wie geschaffen. Wir verabredeten uns für den drauffolgenden Freitag zur Taggleiche vor dem 1420 von der Kürschnerzunft gestifteten Rathaus.

Nach Humberts Weggang brauchte ich einige Minuten, um meiner widerstrebenden Empfindungen Herr zu werden. Die mysteriösen Duplikate ließen mich zwischen ungerechtfertigtem Besitzerstolz, wissenschaftlicher Neugierde und paranoiden Ängsten hin und her schwanken. Als ich mich einigermaßen beruhigt hatte, verwahrte ich den noch ungehobenen Schatz und begab mich an den einzigen Ort, wo ich in meiner Geschäftigkeit nicht auffallen konnte. Die Universitätsbibliothek war um diese Tageszeit – es war später Vormittag – eine akademische Wüste. Ich schlug meine Zelte an einer uneinsehbaren Stelle auf, stillte meinen Wissensdurst an der Quelle fremder Gelehrsamkeit – das multilinguale Wörterbuch erwies sich phasenweise eher als phraseologischer Sumpf – und stieß durch die raue linguistische Schale bis zum Kern der verborgenen Information vor. Über den verwitterten Abgrund der Zeit hinweg sprach Moriartys scharfer Intellekt zu mir.

7.2 Die Spur des Schlächters

> Ich wendete die kleine weiße Karte um und schauderte. Das Blut gefror mir in den Adern. Auf der Karte stand: Professor Moriarty.
>
> *Kein Koks für Sherlock Holmes.*
> NICHOLAS MEYER

SEIT NUNMEHR 39 LEIDVOLLEN JAHREN weile ich nicht mehr unter den Lebenden. Meine Knochen ruhen am feuchten Grunde der Reichenbach-Klamm; meine leeren Augenhöhlen erspähen die beständigen Strudel der Unendlichkeit. Was Wunder, dass meine Sehkraft stetig nachzulassen scheint und mich das Zipperlein hartnäckig plagt.

Und doch bin ich kein Nachzehrer, wie Dracula – der große Untote, dessen Geschichte ich erzählen will. Noch bin ich tot, wie mein Widerpart Holmes, dessen klägliches Scheitern meine verlorene Seele belastet.

De mortuis nil nisi bene. Doch um vom Guten sprechen zu können, muss man wohl oder übel beim Schlechten anfangen; dorthin, auf die dunkle Seite der Macht, hat mich, James Abraham Moriarty, die Mathematik des Schreckens versetzt.

Es hat Zeiten gegeben, da ich in der reinen Unschuld der ersten Studienjahre das Göttliche in jeder algebraischen Gleichung gesucht; das Paradies der Quaternionen hatten mir meine Lehrer zugänglich gemacht und das Böse erschien mir höchstens in Gestalt des Laplace'schen Dämons.

Britannien war nur ein kleiner schmutziger Fleck auf der Karte der Analysis, doch jenseits des Kanals schien die Sonne Liouville und Hermites und das Festland erbebte unter den Schritten der germanischen Giganten, Riemann und Weierstrass.

Meine bescheidenen Anlagen hatten mich frühzeitig auf das Kalkül der Wahrscheinlichkeit festgelegt. Das Studium der Quetelet'schen Schriften lockte mich schließlich in die aalglatten Niederungen der statistischen Kriminologie. Ich kündigte meine Professur am Royal Naval College in Greenwich und zog nach London, als Spezialist für Fragen der strategischen Einsatzplanung. Und hier, in der großstädtischen Wildbahn des freien Unternehmertums, traf ich auf die harte Konkurrenz der Baker Street 221 B.

Zur ersten bedeutenden Kraftprobe kam es im Februar 1886. Ich hatte für den Yard ein Patrouille-System erstellt, das nach stochastischen Suchverfahren das Londoner Stadtgebiet sichern sollte. Mein Plan stieß jedoch auf den entschlossenen Widerstand eines gewissen Inspektor Lestrade – (wie ich später erfuhr) eine Marionette des Meisters.

Lestrades verzweifelte Bemühungen fruchteten jedoch nichts; Commissioner Henderson, der Londoner Polizeichef, war für die Annahme meines Vorhabens gewonnen. Ehe es jedoch verwirklicht werden konnte, wurde Henderson wegen vorgeblich ungeschickter Handhabung der Arbeiterunruhen zum Rücktritt gezwungen. Mit Sir Charles Warren erhielt ein eingeschworener Holmes-Freund die Henderson-Nachfolge und mein strategischer Vorschlag wanderte in die unterste Schublade.

Dessen ungeachtet befand ich mich in der ersten erfolgreichen Phase eines klassischen Verdrängungswettbewerbes. Die beiden einzigen nennenswerten Fälle, die der Welt erster beratender Detektiv im Verlauf des Jahres 1887 zu betreuen hatte, waren eine böhmische Mesalliance und ein blauer Karfunkel, der eher zum Tätigkeitsbereich seines Adlatus Dr. Watson gehörte.

Die Jahreszeiten zogen ins Land und Holmes' Gegenmaßnahmen wurden immer verzweifelter. Im ›Punch‹ erschien ein anonymes Pamphlet, das mich (neben Satan & Luzifer) für das Böse schlechthin verantwortlich machte. Eine degoutante Karikatur, die mich vorstellen sollte, war mit ›Der Napoleon des Verbrechens‹ untertitelt. Das Lächerlichste an diesen haltlosen Anschuldigungen war jedoch, dass sie allgemein für bare Münze genommen wurden. Die Demimonde zögerte nicht, um meine Ratschläge zu buhlen, das Unaussprechliche wurde mir bewundernd zugetraut; ja, ich konnte mich vor den anbiedernden Nachstellungen der Gosse, die über sämtliche Grenzen der spätviktorianischen Klassengesellschaft hinüberzuschwappen schien, kaum retten.

Ein letzter, vergeblicher, Versuch den Familienanwalt der Moriartys zu Exeter, den rührigen Hawkins, mit der rechtlichen Wahrung meines guten Rufes zu beauftragen, offenbarte schließlich die Ausweglosigkeit der Lage, die mir böswillig unterstellt wurde. Der alte Vogel gab sich augenzwinkernd und freimütig als schräg zu erkennen und kündigte mir den Besuch eines gewissen Dracula an. Dieser Duodezfürst der Finsternis, dessen rechtsfreundliche Vertretung er übernommen habe, stecke in prekären logistischen Schwierigkeiten, für deren Lösung nur ich als Allheilmittel in Frage käme.

Ich beschloss festen Fuß auf schwankendem Boden zu fassen, zumal mir die Zuflucht einer universitären Freistatt nunmehr verwehrt war. In dem nun über London hereinbrechenden Sturm der Verderbtheit, sollte ich meine Standfestigkeit noch bitter bereuen. Die Hölle hatte ihre Schleusen geöffnet und der Schlächter zog seine blutige Spur durch Whitechapel.

An jenem verhängnisvollen 30ten September 1888 wurde ich gegen 1 Uhr Nachts durch ein hartnäckiges Klopfen aus dem Schlaf gerissen. Ich hatte den Vortag bis hin in den frühen Abend mit der Entwicklung eines Rechenschemas für einen funktionierenden Ableger von Babbages analytischer Maschine verbracht und mich sodann verhältnismäßig zeitig zu Bett begeben.

Ich legte noch schlaftrunken meine Kleider an und fand, wie durch ein Wunder, den Weg zur Tür. Der junge, blasse Beamte der Metropolitan Police hielt den Türklopfer noch krampfhaft umfasst. Unbeholfen sprach er mich an.

»Professor Moriarty, Sir?« Auf mein bestätigendes Nicken sprudelte er den Rest seiner erstaunlichen Botschaft hervor: »Der Innenminister erbittet Ihre Anwesenheit.«

Die Reise durch das nächtliche London erscheint mir heute wie ein böser Traum. Constable Watkins hatte sich anfänglich geweigert seinen Platz auf dem Kutschbock zu verlassen. Im Inneren der allmählich an Fahrt gewinnenden Polizeidroschke suchte ich vergebens das klärende Gespräch. Das Einzige, was ich aus dem offenbar unter Schock Stehenden herausbrachte, war ein stereotypes »Jack, Jack the Ripper.« Schon bald ließen wir die durch Gaslaternen beschützten Wohnbereiche der Upper Ten hinter uns und es begann der Abstieg in die Unterwelt von East End.

Whitechapel war ein zutiefst irdisches Jammertal. Kein Höllentor kennzeichnete seine Bannmeile. Und dennoch behielt Dantes höllischer Wahrspruch ›*Lasciate ogni speranza voi ch'entrate*‹ seine erschreckende Gültigkeit. Die Hydra der Verwahrlosung erhob ihre geifernden Häupter über der Zufluchtsstätte der Verdammten. Straßennamen wie Bucks Row oder Hanbury Street hatten das Königreich der schmalen Hinterhöfe und verlassener Fabrikshallen auf den Frontseiten der Sensationspresse platziert. Dies alles war nur einem Mann zu verdanken. Jack the Ripper. Seine armseligen Opfer waren im Leben wie im Tode dem Abyssus der Vergessenheit anheimgegeben. Nur um Jack, der schändlichsten Ausgeburt des Diesseits, rankten sich die Legenden der Überlebenden.

Im Zwiespalt unbestimmter Erwartungen fieberte ich dem Ende der Fahrt entgegen. Die schadhaften Pflastersteine der Commercial Road hatten der Federung unserer Droschke das Äußerste abverlangt. Wir bogen nach rechts in die schmale, mauernbewehrte Berner Street. Die Droschke hielt vor einem hölzernen Doppeltor. Die Türflügel schwangen auf; im ovalen Innenhof schienen fackelbewehrte Männer ein magisches Ritual abzuhalten. Watkins bahnte mir den Weg zum Brennpunkt des Geschehens.

Eine lange, hagere Gestalt kniete vor einem schmutzigen Bündel Lumpen. Das grau-karierte Inverness-Cape, dessen Saum achtlos den Boden streifte, ließ nur einen Schluss zu. Als mein Erzfeind sich nunmehr erhob, war die Sicht auf das Objekt der Investigation freigegeben. Das Bündel offenbarte sein grauenhaftes Geheimnis. Ein aufgeschlitzter Bauch, ein weiblicher Torso, ein kaum mehr erkennbarer Haufen Fleisch.

»Die Herren kennen einander?« Innenminister Matthews schien die Situation zu genießen. »Sherlock Holmes – Professor Moriarty.«

Das falkenähnliche Gesicht unter dem Deerstalker fixierte mich ausdrucklos und ich konnte für einen flüchtigen Augenblick die Welle der Feindseligkeit verspüren, die mir entgegenschlug.

»Ich habe Sie überschätzt, Moriarty.« Der Triumpf in Holmes' Stimme war unüberhörbar. »Nur ein dummer Verbrecher kehrt an den Ort seiner Untat zurück.« Ein Raunen ging durch die Menge. Im Widerschein der Fackeln hatten sich Lestrade und zwei seiner Kreaturen an meine Seite gewagt. Nur mit Mühe konnte ich mich ihrem Festhaltegriff entziehen.

»Wir alle bewundern ihre außerordentlichen Gaben, Holmes«, spottete ich und ging ohne zu zögern in die geistige Offensive. »Wären Sie unter Umständen bereit, die Kette Ihrer logischen Deduktionen vor uns aufzuwickeln? Was mich vor allem interessiert: welche, wie ich hoffe, schwerwiegenden Gründe, lassen Sie der Liste der Hauptverdächtigen, die bis zur Stunde nur die Ausländer und die Freimaurer enthielt, nunmehr eine dritte Gruppe hinzufügen: die Mathematiker? Ich hoffe, Sie können unsere letzten Zweifel zerstreuen, denn, offen gesagt, Ihre Verdächtigungen klingen mehr nach den Paroxysmen einer Kokain-Injektion.«

Ich war sicher, seine wunde Stelle berührt zu haben. Holmes' Kokainkonsum hatte – wie selbst sein treuer Biograph (und Drogenlieferant) Watson zugeben musste – schon längst krankhafte Züge angenommen.

»Aber meine Herren, ein bisschen mehr Mäßigung, wenn ich bitten darf!« mahnte der Innenminister, bestrebt unseren Schlagabtausch in geordnete Bahnen umzulenken. »Ich bin gerne bereit, mir Ihre Argumente anzuhören, sofern Sie – zumindest für den dazu erforderlichen Zeitraum – Ihre Animositäten begraben.«

Holmes räusperte sich und setzte scheinbar kaltblütig seinen Angriff fort: »Gentlemen, erlauben Sie mir, die verschiedenen Punkte aufzuzeigen, die mich zu meiner Beurteilung geführt haben. Sie können dessen versichert sein, dass ich mich dabei nur von den näheren Tatumständen, spärlichen Spuren und den letztlich unumstößlichen Indizien leiten ließ.«

Mit einem theatralischen Gespür für notwendige Pausen, klopfte Holmes die Außentaschen seines Capes ab, entnahm der linken eine mit Shag gefüllte, kurzstielige Pfeife, die er nach einigen gescheiterten Versuchen in Brand setzte. Sodann schien er sich seiner Aufgabe zu entsinnen und nahm den Faden wieder auf.

»Zu unseren Füßen«, dozierte er, »liegt ein weiblicher Leichnam, wahrlich nicht der erste seiner Art; schamlos entweiht, das Opfer eines Wahnsinnigen. Doch der Wahnsinn, der hat Methode – eine wissenschaftliche Methode, wie ich nunmehr beweisen kann.«

»Lassen Sie mich jedoch vorerst«, fuhr er fort, »die kriminalistische Bilanz dieser sogenannten Ripper-Morde ziehen. Allen diesen Fällen ist vor allem eines gemeinsam: ein Übermaß an Blut, Fleißaufgaben für die Prosektur und, beunruhigenderweise, die Absenz jeglicher Fingerzeige auf einen möglichen Täter.«

Holmes schwieg und senkte den Blick auf die Spitzen seiner Schuhe. »Schauen Sie mich bitte genau an«, forderte er uns auf. »Ich habe nur einige wenige Augenblicke, in kniender Stellung, mit der Begutachtung des Opfers verbracht. Und schon ist mein Schuhwerk wie der Saum meines Umhangs blutbefleckt und ich hinterlasse verräterische Spuren. Nach allen Regeln meiner Kunst sollte der Ripper eine vergleichbare Kainsfährte gelegt haben. Doch nichts dergleichen ist festzustellen. Und dies ist keineswegs das Werk Lestrades und seiner Männer, deren vergeblicher Eifer diesen Platz in eine Ebene einander kreuzender Trampelpfade verwandelt hat.«

Ein spitzbübisches Lächeln glättete Holmes' verkniffene Gesichtszüge. »Ja, meine Herren vom Yard«, sagte er sichtlich entspannt, »dabei weist gerade das Fehlen sämtlicher erdenklichen Spuren auf die zur Lösung des Rätsels erforderliche Information hin. Daran habe ich IHN erkannt. An den Zeichen, die ER nicht gesetzt; am Schatten, den ER nicht geworfen.«

Ich hatte vollauf genug von seinen sibyllinischen Sprüchen. »Eine letzte Frage, Holmes«, warf ich verärgert ein, »bevor Ihr Exorzismus in zünftige Lynchjustiz umschlägt. Wer ist nunmehr der Ripper: Moriarty oder der Gottseibeiuns? Selbst der Umstand, dass ich über einen auffälligen Eigenschatten verfüge, scheint mich vor Ihrem Schuldspruch nicht zu schützen.«

Mit einem Achselzucken entledigte sich Holmes seiner Pfeife und griff nach Lestrades Stockdegen. Während allesamt einen Ausfallschritt in meine Richtung erwarteten, ließ der Detektiv genüsslich die scharfe Spitze über den sandigen Hinterhofboden tanzen. Von einem vielstimmigen Ahh und Ohh begleitet, entstand ein getreues Abbild der Whitechapel'schen Straßenzüge.

»Der Spielplatz des Grauens«, bemerkte Holmes trocken. Mit einer lässigen Bewegung seines Handgelenks, die das tödliche Eisen zum Schwingen brachte, schrieb er dem Plan die fünf Tatorte ein. »Und hier«, fuhr Holmes fort und schien dabei nur mich anzusehen, »hätten wir noch die eindeutigen Ergebnisse der bisherigen Partien. Beantwortet dieses diagrammatische Muster in etwa Ihre Frage, Moriarty?«

Lestrade kam mir zuvor. »Ein Kreuz«, keuchte er erstaunt, »ein satanisches Kreuz.«

Ich verband in Gedanken die ersten drei sowie die restlichen Tatorte miteinander. Die Geraden ergaben ein ungleichmäßiges Achsenkreuz.

»Nein, mein lieber Lestrade.« Holmes schüttelte enttäuscht seinen Kopf. »Du bist auf der falschen Spur, obwohl sie uns zweifelsfrei zum Ripper führen wird. Ich war wie du geneigt, dem Aberglauben zu vertrauen; der stärksten Waffe im Kampf gegen das Böse. Wie konnte ich nur solch ein Narr sein! Habe ich mich nicht monatelang bemüht, den Schleier jener unaussprechlichen Macht zu durchdringen, die hinter der Hälfte aller Schandtaten und fast sämtlicher nicht aufgedeckten Fälle dieser großen Stadt steht? Und jetzt endlich ist der Zeitpunkt gekommen, da ich vom Blitz der Erkenntnis gestreift, den endgültigen Beweis erlangt.«

Aus den unerschöpflichen Tiefen seiner Cape-Innentaschen zauberte der Detektiv ein (mir ob seines karierten Musters seltsam vertrautes) Konvolut beschriebener Papierbögen hervor, das er umgehend dem Innenminister übergab.

»Der Schlächter mag noch in Freiheit sein«, stellte er feierlich fest; »der Urheber des Schlachtplanes hingegen, ist mitten unter uns. Seine intellektuelle Hybris hat ihn schließlich der irdischen Gerichtsbarkeit ausgeliefert.«

Matthews verschluckte sich, rückte seine Brille zurecht, wühlte sich durch den formelverhangenen Papierberg durch und las mit allmählich ersterbender Stimme: »›Ripper und Opfer – ein Verfolgungsspiel‹ und ›Optimale kriminelle Energie für dynamische stetige Ripper‹ Von James A. Moriarty, eins eins vier Munro Road, Hammersmith.«

7.3 Vampir und Woiwode

drakula, du schlimmer,
komm nicht auf mein zimmer(,)

Allerleirausch.
H. C. Artmann

Als die schwere, eisenbeschlagene Zellentür mit einem durchdringend rostigen Quietschen hinter mir ins Schloss fiel, schien der Alptraum der letzten Stunden bereits den Kulminationspunkt überschritten zu haben. Die einsichtigen Argumente, die ich unmittelbar nach Matthews' Lesung zu meinen Gunsten vorbringen wollte, waren von einer wilden Orgie des Hasses hinweggespült worden.

Ein erschütterter Matthews sprach meine vorläufige Festnahme aus und man verfrachtete mich in einen bereitstehenden Gefängniswagen, derweil die Meute aus Tagedieben und Polizeischergen Holmes auf ihre Schultern hob und im Triumpfzug durch Whitechapel führte.

Gnädig umfing mich die Dunkelheit des Verlieses und tausend wirre Gedanken durchrasten meine fiebernde Stirnkammer. Im Wettlauf mit dem fliehenden Pulsschlag erforschte ich mein Gewissen; es sprach mich frei von jeglicher Schuld.

Und dennoch war ich wie ein Narr in diese Falle geraten. Noch vor Monatsfrist hatte mich Hawkins auf die Ripper-Affaire hin angesprochen. Welch einmalige Chance dies doch sei, um die Überlegenheit meiner wissenschaftlichen Methode zu beweisen. Seinen dunklen Andeutungen glaubte ich schlüssig entnehmen zu können, dass eine nicht allzu weit von den Schaltstellen der Macht entfernte Persönlichkeit diese Probe meiner Kunst erbeten habe.

Doch wie in aller Welt waren die brisanten Projektberichte in Holmes' Hände gelangt? Und wer war der geheimnisvolle Auftraggeber der Ripper-Studien? Lag die Antwort auf diese Fragen etwa in den Modellergebnissen begründet? Ich musste es herausfinden, noch ehe Holmes seinen zweiten Schlag anbringen konnte. Den Fußangeln einer Voruntersuchung konnte ich nicht wehrlos gegenübertreten.

Mühsam ertastete ich mir den Weg zum harten Lager. Eine bleierne Müdigkeit griff nach mir und ich sank in einen tiefen, traumlosen Schlaf.

Ewigkeiten später erwachte ich schweißbedeckt. Von jenseits der Themse erklangen vier dumpfe Glockenschläge. Ich sperrte die Augen auf und versuchte die Finsternis zu durchdringen. Nebelschwaden ergossen sich durch das vergitterte Kerkerfenster und verdrängten die abgestandene Zellenluft. Mein Herz stockte. In des Raumes Mitte gewahrte ich eine unheimliche Erscheinung.

Ein lautloser Schrei entrang sich meinen Lippen. Das Unwesen glitt auf mich zu und hob in einer lächerlich menschlichen Gebärde eine krallenbewehrte Klaue zum Mund. »Schhh«, zischte es, Schweigen gebietend. Eine Welle der Fäulnis schlug mir entgegen.

»Aber, mein lieber Professor«, krächzte die schattenlose Gestalt, »wie sind wir nur in diese schreckliche Lage geraten?« Die vertrauliche Anrede ließ mir das Blut in den Adern gerinnen.

Ich nahm meinen ganzen Mut zusammen und rief: »Gebe dich zu erkennen oder weiche, um der Liebe Gottes willen!« Ein höhnisches Gelächter war die Folge.

»Meinen Namen sollt' Ihr erfahren«, heulte die Kreatur, »ich bin der Woiwode Dracula.«

Das unheilvolle Glühen in des Nachzehrers Augen erhellte für eine flüchtige Weile mein eingeengtes Sichtfeld. Der Woiwode wollte mir offenbar heimleuchten. Er war etwa 72 Inches groß und trug einen schwarzen Umhang mit rotem Innenfutter.

»Ich sehe, Sie kommen aus Transsilvanien«, stellte ich betroffen fest.

»Woher in aller Welt, wissen Sie das?«, fragte Dracula verblüfft.

»Die Kunst der Kombination«, erwiderte ich, mein Selbstvertrauen Wort für Wort zurückgewinnend. »Man muss einfach nur zwei und zwei zusammenzählen. Sie sind, mit Verlaub gesagt, ein Geschöpf der Nacht. Ein Ghoul? Nein, da würden Sie eher einen Burnus tragen. Sie haben hingegen den Abendfrack und einen dazu passenden Umhang gewählt. Ein unverkennbares Bekenntnis zum abendländischen Kulturkreis. Ein Wiedergänger, vielleicht? Für einen Unhold der nordischen Sage haben Sie einen atypischen Gesichtsschnitt mit Ihren breiten Backenknochen und den schrägen Augenschlitzen.

Ein Wurdalak also, die slawische Spielart des Blutsaugers. Dies würde mit dem Titel eines Woiwoden, sprich Heerführers, durchaus verträglich sein. Wenn da nicht dieser Name wäre, Dracula. Kurz, prägnant, voll romanischer Sprachmelodie. Die etymologische Wurzel ist das lateinische *draco, -onis.* Aber halt, war nicht ein Drache das Feldzeichen Burebistas und Decebals, der alten Dakerkönige? Zwei Provinzen kommen hernach als Ihr Stammsitz in Frage. Die erste wäre *Dacia Inferior* oder die heutige Walachei. Ihrem imposanten Auftreten nach, sind Sie jedoch kein niederes Grottenbahngespenst, sondern, als höheres Unwesen, die Krönung vampirischer Evolution. Wir müssen somit die Walachei verwerfen und uns für *Dacia Superior* – das hinterwäldlerische Transsilvanien – entscheiden.«

»Sie haben schnell dazugelernt, Moriarty«, versetzte Dracula aufgeräumt und ließ seine Fänge in das Futteral der Mundschleimhaut zurückklappen. »Wenn es eines zusätzlichen Beweises Ihrer Fähigkeiten bedurfte, die meisterliche Beherrschung Holmes'scher Dialektik hat ihn erbracht.«

»Man sieht wohin mich meine sogenannten Fähigkeiten geführt haben«, entgegnete ich verbittert.

Ein schiefes Grinsen verklärte Draculas Lemurengesicht. »Wer jammert da, Mann oder Maus?«, fragte er angewidert. »Wo versteckt sich der Napoleon des Verbrechens, dessen Strategie des Bösen ganz London in fatale Regionen aufgeteilt hat?«

Mich durchfuhr das schiere Entsetzen. Wenn Dracula den Begriff der fatalen Menge kannte, so konnte es hierfür nur eine mögliche Erklärung geben.

»Du bist der Ripper!«, schrie ich in höchster Wut, »Abschaum, der du das Blut der Unschuldigen vergießest.«

Belustigt zwinkerte der Vampir mir zu.

»Daran hab ich IHN erkannt«, äffte er in grausiger Verzerrung Holmes' Stimme nach. »An den Zeichen, die ER nicht gesetzt; am Schatten, den ER nicht geworfen.«

Dracula warf den Kopf in den Nacken und schien sich vor Lachen auszuschütten. Ich starrte ihn fassungslos an.

»Es stimmt also«, murmelte ich bar jeder Hoffnung. »Ich, Unglücklicher, habe, ohne es zu ahnen, dem Statthalter Satans die verderblichen Früchte meines Verstandes verschrieben.«

»Kinkerlitzchen«, wiegelte Dracula bescheiden ab. »Noch ist der Kreis nicht geschlossen, Dein Meisterstück nicht vollbracht.«

»Nie und nimmer«, entfuhr es mir, »werde ich wissentlich Deinen blutigen Pfad beschreiten, Brutstätte des Bösen.«

Der Untote betrachtete mich nachdenklich.

»Dir bleibt keine andere Wahl, Moriarty«, entgegnete er. »Das Grauen der Realität wird dich unweigerlich in meine Arme treiben. Nur der Woiwode kann dich vor des Schlitzers Nachstellungen bewahren.«

Ein plötzlicher Windstoß verfing sich in Draculas Umhang. Die Schreckensgestalt schien zu schrumpfen und veränderte sichtlich übergangslos ihren Aggregatszustand. Im vergeblichen Versuch die Phasen seiner Metamorphose zu erfassen, folgte ich Dracula zum Fensterkreuz.

Das Gitter bot mir Einhalt. Auf der anderen Seite der Nacht, durchpeitschten Lederschwingen einer kindskopfgroßen *Diphylla ecaudata* die Londoner Atmosphäre. Eine Daumenbreite vom Wahnsinn entfernt, lehnte ich meine Schläfe ans feuchte Gemäuer und erwartete den rettenden Morgen.

Die ersten Strahlen der Sonne erweckten mich aus Agonie und Verzweiflung. Der Schließer brachte Wasser und Brot. Die Vorbereitungen für meine Verlegung wurden getroffen.

Ich leistete keinen Widerstand. Die Stunde der Entscheidung war gekommen. Sie fand mich bereit.

7.4 Der Ripper und sein Theorem

WIR WAREN IN ALLER FRÜHE aufgebrochen. Ohne bei Scotland Yard anzuhalten, überquerte die Kutsche Whitehall Place und erreichte kurz darauf Pall Mall.

Die Straße war menschenleer, was zu dieser Tageszeit nicht verwunderlich schien. Unter der einzigen noch funktionierenden Laterne stand frei sichtbar Sherlock Holmes und rauchte seine Pfeife.

Er hatte diesmal eine durchaus ansprechende Verkleidung gewählt. Sein hagerer Körper war in ein Leopardenfell gehüllt – ein erbärmlicher Schutz vor der morgendlichen Kälte. Den linken Fuß trug er abgewinkelt; ein hölzerner Stumpf sorgte für die nötige Erdung. Hautfarbe und Kriegsbemalung schienen schlüssig auf einen Angehörigen der Zulu-Infanterie hinzuweisen.

Als das Gefährt anhielt, griff Holmes nach Schild und Assagai und humpelte uns entgegen. Meine Begleiter zögerten keinen Augenblick. Sie rissen den Wagenschlag auf und zerrten mich die Stufen zum nächstgelegenen Hauseingang empor.

Holmes machte keine Anstalten uns zu folgen. Er blieb in Sichtweite stehen und schlug mehrmals Kurzspeer und Schild gegeneinander. Der atavistische Rhythmus brachte unsere Schlachtreihe ins Wanken. Die Tür wurde geöffnet und die Empfangshalle des Diogenes Klubs nahm uns auf.

Der Klub der Klubverächter machte seinem Namen keine Ehre. Statt der erwarteten Fassdauben dämpften Marmorplatten das Echo unserer Schritte. Eine seltsame Kälte ging vom luxuriösen Mobiliar aus und ich verspürte den bedrohlichen Pendelschlag der Macht.

Auf halbem Wege in das obere Geschoss vollführte die Treppe eine unvollständige Wendung. Meine Blicke folgten erst dem kostbaren Läufer und blieben sodann an der Gegenwand haften. Ein in eigenartigem Blau gehaltenes, spätbyzantinisches Fresko setzte sich in frappanter Weise vom umgebenden Mauerwerk ab.

Wenn ich nunmehr, Dekaden später, die Augen schließe, tauchen des Wandbilds wunderliche Einzelheiten aus den Wogen der Vergangenheit empor.

Vor dem Hintergrund einer Drachenhöhle kniet die strenge chitongekleidete Gestalt eines Heiligen. Seine linke stabbewehrte Hand weist in das Innere der Felsbehausung. Noch liegt der Pesthauch des Sauriers – man vermutet es – in der Luft. Die Spuren seines Todeskampfes haben sich der mediterranen Landschaft unauslöschlich eingeprägt. Wie ein Naturereignis hat er offensichtlich die Baumgruppe im rechten Hintergrund entwurzelt, so als ob sie einfache Schachtelhalme und nicht mächtige Pinien wären.

Das Ungeheuer ist besiegt. Und dennoch haben sich tiefe Falten der Sorge in des Siegers Gesicht eingegraben. Wissende Augen übergehen achtlos das vor ihm liegende (goldene?) Vlies. Das Dickicht, rechts im Vordergrund gelegen, hat es ihnen angetan.

Und hier (hinter Stauden verborgen) ist des Drachens Saat schon aufgegangen. Man erahnt, nein man erkennt, den schlangengleichen Leib eines Weibes.

Nur ein Zeichenkundiger hätte wohl vermocht in der Frist einiger weniger Herzschläge des Kunststückes Botschaft zu entschlüsseln. Schon war einer der Begleiter zielsicher vorgetreten, um den vollen Umfang seiner rechten Faust in die unsichtbare Mulde unterhalb des Widderhauptes zu platzieren.

Mit einem vernehmlich rostigen Kreischen wurde der verborgene Hebel betätigt. Der Boden unter meinen Füßen gab nach und ich purzelte in einen schier endlos scheinenden Abgrund.

Ein Haufen verschimmelnden Strohs bremste meinen Aufprall. Ich blieb benommen liegen. Über meinen Körper hinweg durchhuschten Ratten Gäas dunkle Eingeweide. Als ich wieder zu mir kam, erhellte ein karger Lichtschein die Katakomben unter dem Diogenes Klub. Ich hörte Geräusche. Sie wiesen mir den Weg durch das unterirdische Labyrinth.

Das Netzwerk der Gänge strebte einem okkulten Mittelpunkt zu. Vernahm ich da kein wütendes Schnauben, kein Scharren tierischer Extremitäten? Lag nicht etwa die infernalische Ausdünstung eines Minotaurus in der Luft? Nein, nichts von alledem. Stollen weitete sich zur Grotte; ein steinerner Tisch von gigantischen Ausmaßen füllte den Raum. Um ihn herum saß eine Zwölferzahl vermummter Gestalten. An Roben und Kapuzen unterschied ich die Insignien des flammenden Rades, der Jakobsleiter und der einseitigen Möbiusschleife.

Bei meinem Eintreten verstummte das unheimliche Wispern. Der Ordensmeister erhob sich zu bedrohlicher Größe und streckte mir abwehrend die Handflächen entgegen, die langgliedrigen Finger zur dreizehigen Klaue gespreizt.

»Sator arepo tenet opera rotas« skandierte er feierlich.

›Oh, Gott‹, dachte ich, ›nur das nicht‹ und vor meinem inneren Auge nahm das großartigste aller Palindrome die Gestalt eines unvollständigen magischen Quadrates an.

S	*A*	*T*	*O*	*R*
A	*R*	*E*	*P*	*O*
T	*E*	*N*	*E*	*T*
O	*P*	*E*	*R*	*A*
R	*O*	*T*	*A*	*S*

In wessen Fänge war ich da bloß geraten? Hatte ich es mit Dunkelmännern, Illuminaten oder gar mit zirkel- und linealerprobten Dreiteilern des Winkels zu tun? Ich bot den einen möglichen Gegenzug an.

»Satan adamat ab atamada natas« Satan liebt diejenigen, welche von der in verkehrter Weise Geliebten geboren.

S	*A*	*T*	*A*	*N*
A	*D*	*A*	*M*	*A*
T	*A*	*B*	*A*	*T*
A	*M*	*A*	*D*	*A*
N	*A*	*T*	*A*	*S*

Eine seltsame Unruhe bemächtigte sich der Verschwörergemeinschaft. Die kapuzenbedeckten Häupter machten ihrer Empörung Luft.

»Er bezichtigt uns der Sodomie!«, schrien sie durcheinander.

»Silentium«, erhob der Großmeister beschwichtigend seine Stimme. »Eure Kenntnisse des Lateinischen in allen Ehren. Der verborgene Inhalt jedoch, ist nur dem Adepten vertraut. Er lautet: ›Ataman Satana ta(thou) a(re) a mad, sad bat.‹«

Ein tiefes, befreiendes Lachen öffnete meine Lippen. War der Kreis nunmehr geschlossen? Nun, da der Hetman Satana niemand anderer als Dracula Woiwode zu sein schien.

»Ihr seid belustigt, Moriarty?«, setzte der Großmeister ungnädig fort. »Kennt Ihr denn die schreckliche Beschwörung nicht, die sich hinter dem Gnostischen Anagramm[76] verbirgt?«

»Das Gnostische Anagramm?«, wiederholte ich dumpf. »Sator arepo tenet opera rotas?«

Die Antwort kam wie aus dem Terzerol geschossen. »Satan ter oro te, reparato opes.« Satan, dreimal beschwöre ich dich, rücke den Schatz wieder heraus.

»Wer seid Ihr, Moriarty«, fügte er ratlos hinzu. »Die Proskriptionlisten der Initiierten verschweigen Euren Namen. Das 1×1 der Eingeweihten ist Euch kaum vertraut. Und dennoch ist es Eurem seltsamen Instrumentarium gelungen, dem Erhabenen Plan auf die Schliche zu kommen. Woher Ihr Euer Wissen habt – nach welchen Gesetzmäßigkeiten Ihr es verschleiert – dies ist das beunruhigende Geheimnis; dies ist der Schatz, den Ihr übergeben müsst.«

Unter merkwürdigeren Umständen ist wohl noch nie eine mathematische Disputation abgehalten worden. 24 fleißige Hände kippten die Tafel und lehnten sie gegen die hintere Grottenwand. In fliehender Hast füllte ich die raue Oberfläche mit den schlanken Schlangenlinien der Integralzeichen. Nun war ich in meinem Element.

»Hohes Auditorium!«, hub ich schmeichlerisch an. »Zwei Fragen vermag die Mathematik des Schreckens zu beantworten. Die nach dem Warum, sowie die nach dem Wie. Wir wollen uns vorerst an Rippers Statt versetzen, um der Ersten nachzugehen.«

Das Knirschen der Kreide, die zwei meiner Formeln dem bedrohlich scheinenden Karree der Tafel einschrieb, ließ mich schaudern. Meine Nackenhaare stellten sich auf; mit verschnürter Kehle ließ ich die rudimentären Gleichungen auf meine vermummte Hörerschaft einwirken.

$$J = \int_0^T e^{-rt}\Big[V\big(s(t)\big)p(t) + R\dot{p}(t)\Big]\,dt \quad + \quad e^{-rT}Sp(T)$$

$$\dot{p}(t) = -hs(t)p(t), \; p(0) = 1$$

»Hierin ist all unser Handeln eingefangen.« gab ich zu. »Die Nacht, sie ist unser Revier, die Zeit – ein treuloser Verbündeter. Und führet uns auch des Schlächters Energie $s(t)$ Stich um Stich unserem Ziele – was immer es auch sein mag – entgegen, die Wahrscheinlichkeit $p(t)$, zum Zeitpunkt t noch ungestört jenem mörderischen Handwerk nachzugehen, ist um ein Vielfaches im Schwinden begriffen.«

Der blanke Ausdruck der Unverständigkeit spiegelte sich in den Augen der Sektierer. Ich sah mich wohl oder übel genötigt, ein Schäuflein nachzulegen und schrieb den Differentialausdruck um: $-\dot{p}(t)/p(t) = hs(t)$.

»Vergleicht man nunmehr die linke mit der rechten Seite,« stellte ich fest, »so kann des Rippers Risiko, zum Zeitpunkt t erstmals aufzufliegen, dem h-fachen Wert seiner gegenwärtigen Schlitzintensität gleichgesetzt werden.«

Der Großmeister sah mich merkwürdig an. »Und der Erhabene Plan?« räusperte er sich mit wachsender Ungeduld.

Ich schüttelte den Kopf und erwiderte in Abwandlung der unsterblichen Worte, die Euclid an Ptolaemeus Soter (oder war es etwa Menaechmus an Alexander den Großen?) richtete: »Es gibt keinen Königsweg zur Mathematik des Schreckens!«

7.5 Der Erhabene Plan

Hier und jetzt, während ich meinen Bericht niederschreibe und mühsam trachte, das verwirrende Puzzle jener Tage aus den wenigen Bruchstücken, die mir heute noch verständlich scheinen, zusammenzusetzen – hier, an diesem trostlosen Zufluchtsort und jetzt, im nichtigsten aller Augenblicke, steigen da nicht des Zweifels übelriechende Schwaden vom Autodafé meines analytischen Hochmuts auf?

Ja, ich hatte sie angelegt, die glänzende Rüstung der Gematrie; das Arsenal der Variationsrechnung stellte mir die hochmögendsten Verfahren zur Verfügung und ich glaubte die Wirklichkeit in einer Nuss-Schale einfangen zu können.

Sechs Mal hatte der Ripper insgesamt zugeschlagen (sofern man die Nacht zum 1 Oktober 1888 als Endzeitpunkt ansehen konnte). Die Abstände zwischen den Eruptionen des Grauens schrumpften vorerst monoton. Die größere chronologische Lücke zwischen dem Mord an Annie Chapman und meiner Festnahme, die diesem Trend zu widerlegen schien, wurde durch das zweimalige Auftreten des Bösen in jener unglückseligen Nacht bei weitem aufgewogen. Es stand somit fest: des Rippers Intensität war eine nicht abnehmende Funktion der Zeit.

Welche Parameterkonstellation würde das Zustandekommen einer derartigen Trajektorie begünstigen? Ich setzte die Heimsuchung auf ein endliches Intervall der Länge T fest, dessen Atome in stetig lockeren Scheiben eingeteilt und mit der Diskontrate r gewichtet wurden. $V(s(t))$ bezeichnete den Gewinn, der dem Schlitzer aus seiner momentanen Tätigkeit erwuchs; mit Wahrscheinlichkeit $\dot{p}(t)$ würde er jedoch, stattdessen, entlarvt werden und hatte, sodann, mehr oder weniger mit dem Schlimmsten R zu rechnen. S Einheiten kamen ihm jedoch zu Nutze, falls er das tödliche Spiel unbeschadet überstand. Man konnte nun die weiteren Bezeichnungen wählen:

- V' ... die erste Ableitung der Funktion $V(s)$ nach s.
- V'' ... die zweite Ableitung der Funktion $V(s)$ nach s.
- $\dot{s}$ ... die erste Ableitung der Schlitzintensität nach der Zeit.
- s^∞ ... der durch $(r + hs^\infty)V'(s^\infty) = h[V(s^\infty) + r]$ eindeutig bestimmte *stationäre Schlitzwert* für genügsame Ripper.
- $\bar{s}$ ... der *höchst zumutbaren Schlitzwert* für nicht genügsame Ripper.

Ich hatte an alles gedacht! Legte ich den Ripper unersättlich an, so empfand er mehr als doppelt so viel Vergnügen beim Ausweiden zweier Opfer, als es die einfache Durchführung einer singulären Schandtat erwarten ließ. Wurde hingegen die Genügsamkeit auf sein Panier geschrieben, so verhielt es sich genau umgekehrt. Doch, selbst wenn die makabre Beziehung zur Gleichung entartete, das Gewirr der Hypothesen und Korollare gab stets nur die eine Schlussfolgerung preis:

Das Ripper-Theorem. *Je höher der Tat und Risiko verknüpfende Faktor h angesetzt werden muss, desto weniger Bedeutung wird der Ripper seiner eigenen Unversehrtheit (d.h. der Summe $S + K$) beimessen. Gilt zusätzlich*

(i) *Der Ripper ist genügsam ($V'' < 0$) und $(S + K) < \frac{V'(s^\infty)}{h}$,*

(ii) *Der Ripper ist unersättlich oder linear ($V'' \geq 0$) und $(S+K) < \frac{1}{h}$,*

dann ist des Rippers Schlitzintensität eine nicht abnehmende Funktion der Zeit. Insbesondere gilt

- *im Falle (i): $s(t) > s^\infty$ und $\dot{s}(t) > 0$ für jeden furchtbaren Augenblick t; der letzte Schlitzwert ist durch $V'(s(T)) = h(S + K)$ gegeben.*
- *im Falle (ii): $s(t) = \bar{s}$ für jeden blutrünstigen Zeitpunkt t.*

Die Dunkelmänner waren meinem *tour de force* nicht gefolgt. Ihre anfängliche Bereitschaft, die Brosamen des Wissens aufzupicken, schien im Laufe meiner Ausführungen merklich zu schwinden. Ja, ich konnte sogar, hie und da, hinter den Kapuzenschlitzen, ein Funkeln des Abscheus vor meinen mathematischen Höllenzwängen erkennen.

Der Großmeister hingegen ordnete wie abwesend die Falten seines Gewandes, und entfernte spitzen Fingers ein imaginäres Staubkörnchen, bevor er mir schließlich seine ungetrübte Aufmerksamkeit zuteil werden ließ.

»Wir glauben wohl beide an die Magie der Formel, Moriarty« bemerkte er wissend, »auch wenn die Wirklichkeit manchmal ihren eigenen Gesetzen folgt.« Mit einer fließenden Bewegung der rechten Hand zur Kapuze lüpfte er sein Inkognito. Ein bis zur Kenntlichkeit verzerrtes, feistes Antlitz trat hinter der Vermummung hervor.

»Sherlock Holmes?« gluckste ich ungläubig, denn ich glaubte in der schwammigen Landschaft seines Gesichtes die Züge des Erzfeindes zu entdecken.

Ein hocherfreutes Grinsen verzog die Winkeln seines Mundes. »Sie haben mich letztlich entlarvt, Moriarty«, feixte er, »wiewohl ich nicht mein Bruder Sherlock, sondern nur Mycroft Holmes bin!«

Mycroft Holmes! Wie oft hatte ich diesen Namen schon vernommen? Und stets schwang in den Stimmen der Bekenner das leise Wispern der Furcht mit. Wer war dieser Mann, dessen schier grenzenlose Macht im Verborgenen blühte?

Niemand konnte es wohl mit an Wahrscheinlichkeit grenzender Sicherheit sagen. Der älteste Sohn des Squire Holmes hatte frühzeitig den Familiensitz verlassen, um sich in die Niederungen der Politik zu begeben. Nach einigen auf den obersten Bänken des Unterhauses auffällig verbrachten Jahren verzichtete er zur allgemeinen Überraschung auf sein Mandat.

Man sah ihn fortan in des Premierministers Tross, wo er die Verantwortung für das Unaussprechliche übernahm. In Gladstones Schatten gediehen Holmes' üble Werke, doch als sein Gönner über die Irische Frage zu Fall kam, schien Mycrofts Schicksal in die Bedeutungslosigkeit des Privatiers zu führen.

Ein Privatier? Mitnichten! Klaftertief unter dem Diogenes Klub hatte er ein Araneidennetz der Verschwörung gesponnen, in dessen enge Maschen ich mich wissentlich verfangen.

Meine Konfusion war mir offenbar anzusehen, denn Mycroft brach in ein widerlich lautloses Lachen aus. »Nun wird es Zeit«, fuhr er fordernd fort, »deine Theorie zu ordnen und festzustellen, inwieweit sie unseren Erhabenen Plan gefährdet.«

7.6 Victoria und Ihr Husar

DAMNATUS SUM. Verdammt, das Unglaubliche zu berichten – ein Don Quichotte in der rostigen Wehr seiner Ratio, im vergeblichen Kampf gegen die gnadenlosen Windmühlen der Zeit.

In jenen ersten zwei Jahren der Gefangenschaft beneidete ich sogar Dantés um die übersichtliche Topographie des Château d'If. Ach, ich hatte keinen edlen moribunden Mentor an meiner Seite; meine nun fragwürdige Zukunft musste wohl der glitzernden Pracht eines Monte-Cristo'schen Dukatenhaufens entsagen. Ja, selbst die unzulänglichen Grabungen, die ich im Geviert des kümmerlichen Verlieses anstellte, trugen nur zum Amüsement meiner niederträchtigen Peiniger bei.

Mit keinem Wort erwähnen will ich sie, die unsäglichen Qualen, die mir bereitet wurden. Sei's drum! Man spannte mich auf die Folter: ich ertrug's gelassen. Man steckte mich in spanische Stiefeletten: ich zog englische Gamaschen vor.

Zu guter Letzt, als Mycrofts Dilettantenbande sogar dazu überging, die Schlüssigkeit meiner Resultate in Zweifel zu ziehen, brach ich zusammen und weinte wie ein verlassenes Kind.

Mycroft fand als erster Worte des Trostes.

»Bezähme den Fluss deiner Zähren, *Princeps Mathematicorum* und füge dich in Dein Schicksal. Mit trunkenen Augen und störrischem Herzen kann man schwerlich die trügerischen Splitter des Scheiterns im Spiegel der Schöpfung erkennen. Nun weißt du, wohin Vermessenheit sich versteigt!«

Höhnisch neigte er sich über das Prokrustesbett. »Es wird dir wohl kaum entgangen sein, wie sehr sich deine Gliedmaßen den Gesetzmäßigkeiten dieses Strecklagers anzupassen hatten.« fuhr er gemessen fort, wobei er genüsslich die Worte auf seiner Zunge zergehen ließ. »Es mag dir zum Troste gereichen, dass wir genauso entschieden danach trachten, die Wirklichkeit dem Ripper'schen Modell nachzubilden.«

Auf ein kurzes, eher abfälliges, Winken seinerseits trat eine zweite Gestalt aus dem Halbschatten hervor, der die Folterbank umgab. Es war seine königliche Hoheit, Woodward der Duke of Torrence. Das blasse hochmütige Gesicht, die neckisch aufwärts gezwirbelten Schnurrbartspitzen; Victorias Enkel schien grad vor wenigen Sekunden dem ach so vertrauten Adelskalender entstiegen zu sein.

Wie hatte man ihn noch – hinter vorgehaltener Hand – genannt? ›Knöpfe und Epauletten‹? Dem Versprechen Englands an die Zukunft war eine gewisse Eleganz zu eigen, die selbst die Blutkuchenreste auf seiner Gewandung in einem modischen Licht erscheinen ließ.

»Euer Gnaden,« – der herablassende Ton in Mycrofts Stimme verursachte mir mehr Unbehagen als die letztlich überstandene Folter – »unser Ehrengast würde liebend gern vom gegenwärtigen Stand seines Modellversuches in Kenntnis gesetzt werden.«

In dieser seltsam losgelösten Sprache, die den Angehörigen der höchsten Kaste wie ein Brandmal zeichnet, führte mich Torrence Laut um Laut in die Gegenwart zurück.

»Wenn man mich fragen würde, so könnte ich mit voller Berechtigung antworten, dass alles nach Plan verläuft. Oder ist dem nicht so?«, sprach er kurzatmig. »Nach dem Doppelereignis vom 30ten September hatte es vorerst den Anschein, der Ripper wolle den Moriarty'schen Postulaten zuwiderhandeln. Sechs Wochen zogen in's Land, ohne jegliche Zugabe für unsere blutige Inszenierung. Da endlich am 9ten November war es so weit. Während sich zu ebener Erde des Hauses 13 im Miller Court das anatomische Inventar der Mary Jane Kelly den entsetzten Augen Ihres Vermieters darbot, sah mich der Hofkämmerer unansprechbar, doch mit blutigem Lederschurz, durch die weiten Hallen von Buckingham Palace eilen. Die Verdachtsmomente gegen meine Person hatten sich insoweit verdichtet, dass sogar Großmutter – Gott hab' Sie selig – mittlerweile wohl nicht den geringsten Zweifel an meine Schuld hegt. Auf höchster Ebene sieht man sich zum Stillschweigen gezwungen. Taucht nunmehr ein kopfloser Körper in den Gassen der Hauptstadt auf, so sind es vordringlich die Männer vom Yard, die für die Beseitigung der Beweismittel zu sorgen haben. Der königliche Leibarzt, Sir William Gull, hat den Befehl nicht von meiner Seite zu weichen. Gerüchten zufolge hat er Anzeichen ausgeprägten Irreseins diagnostiziert.«

Des Herzogs Vortrag ging in ein zwanghaft kontratenorales Kichern über. Als die Konvulsionen verebbt waren, sah ich seine Augen Mycrofts Aufmerksamkeit erheischen.

Ich verstand nun gar nichts mehr. Ohne auch nur einen Blick für Torrence zu verschwenden, war Mycroft offenbar eisern entschlossen, meine Verwirrung bis zur Neige auszukosten. Ein wölfisches Grinsen entblößte schamlos sein rot unterlaufenes Zahnfleisch. Der Schinder trieb einen zusätzlichen Keil in die kunstvolle Konstruktion der Streckbank. Mir wurde schwarz vor den Augen.

○ ∗ ○

Der Londoner Nebel weckte hinwiederum meine Lebensgeister. In einer schmalen Handbreite von meinem Gesichtskreis entfernt blitzte die scharfe Schneide eines Fleischermessers auf und ich vernahm des unseligen Torrence Gelächter. Etwas in mir schrie: ›Nichts wie weg!‹. Zwecklos. Die Gliedmaßen waren zwar bar aller Fesseln, die hochnotpeinliche Befragung jedoch hatte die Reaktionsfähigkeit meiner Muskeln auf infinitesimale Schwellwerte gesetzt.

Wie in einem grotesken Schattenspiel der *commedia dell'arte* nahm das unheilvolle Geschehen seinen Lauf.

»Sie kommt, sie kommt ...!« brach es in kindlicher Erregung aus Torrence hervor. Und schon konnte man einen leicht schlurfenden Gang vernehmen, der sich unbestreitbar aus nächster Ferne auf uns zubewegte. Aus abgestumpften Augenwinkeln gewahrte ich vorerst nur den Schlagschatten einer durchaus fraulich wirkenden, kegelförmigen Gestalt. Die da einherging, war eingehüllt im traditionellen Zunftkleid Whitechapelscher Gunstgewerblerinnen.

Eine Welle wohlanständigen Mitleidens erfasste mein Gemüt.

»Obacht, Hurenweibel«, entfuhr es meinen darbenden Lippen, »der Schlächter ist dir nah!«

Das käufliche Geschöpf schien den Bruchteil eines Augenblickes zu zögern; sodann entwich der an die kurzatmige Möwe gemahnende Schrei des Wiedererkennens aus dem leiblichen Schlupfloch einer verlorenen Seele. Die betagte Metze taumelte bei vollem Bewusstsein in ihr Verderben.

»Großmutter, bist Du's?«, hörte man Torrence scheinheilig fragen, als er die linke Hand um den Hals der Armseligen pressend das Fleischermesser zum finalen Schnitt erhob.

Mit einem Donnerschlag löste sich die rundliche Gestalt der Queen Victoria auf und an ihrer Stelle erschien in der feschen Adjustierung eines Honved-Husaren ein blutleerer Dracula. Torrence löste in Panik die Finger seiner kraftlos gewordenen Hand vom lederartigen Hals des Wiedergängers und bekreuzigte sich umnachtet mit dem Fleischermesser. Die scharfe Schneide durchschnitt etwas, was ich nun als die perfekteste Maskierung des Großmeisters jeglicher Vermummung, Sherlock Holmes, erkannte.

Die Täuschung war den Brüdern Holmes beinahe gelungen. Als Torrence verkleidet, hatte der wohl wahnsinnige Detektiv die Ripper-Morde aus dem berechnenden Grunde begangen, das Herrscherhaus in Misskredit zu bringen. Den echten Torrence konnte man wohl in den Verliesen unter dem Diogenes Klub vermuten. Dies war also der Erhabene Plan. Das Ende der Monarchie.

Dracula breitete seine Fledermausschwingen aus, hob meinen gefolterten Körper beinahe zärtlich zu sich empor und entschwand mit mir in die Lüfte. So begann unsere verzweifelte Flucht.

∗ Hier endet der erste Teil der Memoiren Professor Moriartys ∗

7.7 Was demnächst geschah – ein Klappentext

Ein Geheimnis, das die Grundfesten des Britischen Weltreiches zu erschüttern droht, wird Professor Moriarty - dem vorgeblichen Napoleone des Verbrechens - zum Verhängnis. Um den Nachstellungen seines Erzfeindes zu entgehen, muss er verleumdet und verfemt der Heimat entsagen und sein Seelenheil in die Waagschale eines unbestimmten Schicksals werfen. An der Seite des Wiedergängers Dracula führt seine Flucht durch ein morbides Europa des *fin de siecle.*

Die trügerische Idylle der Sommerfrische zu Meiringen lässt Moriarty für die Frist weniger Stunden die Gefahr vergessen, in der er noch immer schwebt. Der reine Tor, dessen Glaube an die Allmacht der Wissenschaft immer mehr ins Wanken gerät, verliebt sich unsterblich und hoffnungslos zugleich. Denn Minna Murray, das Objekt seiner Begierde, ist bereits vergeben. Ein gewisser Dr. Seward, dessen aufdringlicher Schönbrunner Akzent aufs Heftigste seinen Personalien zu widersprechen scheint, nimmt sich Minna gegenüber Vertraulichkeiten heraus, die wohl eher einem Liebhaber oder Verlobten (wenn schon nicht dem frisch angetrautem Ehemanne) anstünden.

Rasende Eifersucht vernebelt Moriartys Sinne. Um seinen vermeintlichen Nebenbuhler auszuschalten und das Herz der Angebeteten zu erobern, will er sich der hypnotischen Künste seines unreinen Gefährten bedienen. Doch Dracula hat bereits Blut geleckt; Minna ist ihm bereits mit Haut und Haaren verfallen. Während am felsigen Rande der Reichenbach-Klamm ein Zweikampf um den Besitz der schönen Frau entbrennt, schließen im kalten, teilnahmslosen Vollmondlicht zwei Untote den Bund für die Ewigkeit.

Der herbe Verlust ernüchtert die Rivalen. Noch ehe sie in schlüpfriger Wand zuverlässigen Halt finden können, löst Rhetto Almöhi - der geworbene Schweizer Bergführer - eine Steinlawine aus, die Moriarty nebst Seward in die Tiefe reißt. Ein bukolischer J(a)uchzer, der ansatzlos in die ersten Fanfaren eines *Rule Britania* übergeht, kündet den nahen Berggipfeln von Sherlock Holmes' Triumpf.

Doch wieder einmal hat der Meisterdetektiv die Rechnung ohne den Wirten gemacht.

Anmerkungen

Kapitel 1

1 Archimedes: *The Cattle Problem*, in English verse by S. J. P. Hillion & H. W. Lenstra Jr., Santport, Mercator (1999). Dieses auf 150 nummerierte Exemplare beschränkte bibliophile Kleinod bietet griechisches Original und englische Übertragung in typographischer Gegenüberstellung.

2 Der aufmerksamen Leser wird bemerkt haben, dass der Originaltitel von Bild 1 (Seite 2) von den Rindern des Apoll (im Zusammenhang eines von Hermes ausgeführten Diebstahldeliktes) spricht. Wir rechtfertigen die von uns angebrachte Untertitelung mit dem Hinweis, dass schließlich Apoll und Helios in späteren mythologischen Darstellungen ineinander verschmolzen sind.

3 Den Spitznamen ›Beta‹ hatte sich der Polyhistor Eratosthenes vor allem deswegen zugezogen, da er in jedem Wissenschaftsfach als Zweitbester galt.

4 A. Amthor: Das Problema bovinum des Archimedes, *Zeitschr. für Math. u. Physik (Hist. litt. Abtheilung)* **25**, 153–171 (1880).

5 Als ›sechs fünf vier fünf‹ zu lesen; nicht des Reimes sondern des Versfußes wegen.

6 I. Vardi: Archimedes' Cattle Problem, *American Math. Monthly* **105**, 305-319 (1998).

7 H. W. Lenstra Jr.: Solving the Pell Equation, *Notices of the American Mathematical Society* **49**, 182-192 (2002). Eine übersichtliche, elegante und ausgewogene Darstellung der Lösungsansätze zur Pell'schen Gleichung.

8 *Se non è vero, è ben trovato.*

9 Die heutige Größe des Erdradius von 6.370 km vorausgesetzt, muss die Messung Galileis von 652, 88 km auf 796, 25 km revidiert werden.

10 M. A. Peterson: Galileo's discovery of scaling laws, *American Journal of Physics* **70**, 575-580 (2002).

11 P. PESIC: Galileo and the existence of hell, *Amer. J. of Physics* **70**, 1160-1161 (2002).

12 S. RINALDI: Laura and Petrarch: An intriguing case of cyclical love dynamics, *Siam J. Appl. Math.* **58**, 1205-1221 (1998).

13 F. J. JONES: *The Structure of Petrarch's Canzoniere: A chronological, psychological and stylistic analysis*, Cambridge, Boydell & Brewer (1995).

14 Eine deutschsprachige Übersetzung erschien als J. ROUBAUD: *Die numerologische Anordnung der Rerum vulgarium fragmenta / vorausgeschickt Lebensentwurf des Francesco Petrarca*, Berlin, Edition Plasma (1997).

15 Tartaglias Nachname war ihm offenbar selbst nicht bekannt. Er gibt an, dass seines Vaters Vorname Michele gewesen sei; man hätte ihn allgemein (seines geringen Wuchses und Broterwerbs als berittener Melder wegen) nur Michelotto Cavallaro genannt. Für eine Quelle hierzu siehe Literaturzitat in Anmerkung **17**.

16 Fügt man zum gelben Quadrat die Flächen der weißen Rechtecke hinzu, so ergänzt das Puzzleteilchen des blauen Quadrates die Figur des großen Gevierts. Es gilt somit (in moderner Notation):

$$x^2 + mx = (z - y)^2 + 2y(z - y) = z^2 - y^2 = n$$

und da $y = m/2$ und $n = z^2 - y^2 = z^2 - m^2/4$

$$z^2 = n + \frac{m^2}{4}; \quad z = \sqrt{n + \frac{m^2}{4}}; \quad x = \sqrt{n + \frac{m^2}{4}} - \frac{m}{2}.$$

17 Es handelt sich dabei um den 12 Februar 1534 venezianischer Zeitrechnung. Für den genauen Ablauf der historischen Ereignisse und eine Übersetzung der relevanten Textstellen aus Tartaglias ›Quesiti et inventioni diverse‹ siehe F. KATSCHER: *Die kubischen Gleichungen bei Nicolo Tartaglia*, Wien, Verlag der Österreichischen Akademie der Wissenschaften (2001).

18 Diese Darstellung eröffnet auch den Zugang zum Lösungsweg für die beiden anderen von Tartaglia geknackten Varianten der kubischen Gleichung. Für $x^3 = mx + n$ bezeichnet man die Seite des gelben Kubus mit z, die des blauen mit y. Der große Würfel besitzt die Seitenlänge $x = z + y$. Definiert man hingegen die Seite des großen Kubus durch $-x = z + y$, wobei hiedurch die *cosa* x als negative Zahl festgelegt wird, so gelangt man zum räumlichen Puzzle für die kubische Gleichung $x^3 + n = mx$. In beiden Fällen gilt $n = z^3 + y^3$ und $m = 3zy$.

19 K. GUTMAN: Quando che'l Cubo, *The Mathematical Intelligencer* **27**, 32-36 (2005). Kellie Gutmans Terzinen interpretieren das mathematische Thema wie folgt:

When X Cubed

When x cubed's summed with m times x and then
Set equal to some number, a relation
Is found where r less s will equal n.

Now multiply these terms. This combination
rs will equal m thirds to the third;
This gives us a quadratic situation,

Where r and s involve the same square surd.
Their cube roots must be taken; then subtracting
Them gives you x; your answer's been inferred.

The second case we'll set about enacting.
Has x cubed on the left side all alone.
The same relationships, the same extracting:

Seek numbers r ans s where the unknown
rs will equal m-on-3 cubed nicely,
And summing r and s gives n, as shown.

Once more the cube roots must be found concisely
Of our two newfound terms, both r and s,
And when we add these roots, there's x precisely.

The final case is easy to assess:
Look closely at the second case I mention –
It's so alike that I shall not digress.

These things I've quickly found, they're my invention,
In this year fifteen houndred thirty-four,
While working hard and paying close attention,

Surrounded by canals that lap the shore.

Kapitel 2

20 Ungarisch für Onkel. Die archaische Geschichte Griechenlands sollte unter diesem Gesichtspunkt wohl schleunigst umgeschrieben werden. Ein bemühter Ansatz in dieser Richtung lässt sich als ›Ungarische Schöpfungsgeschichte‹ in P. Hammerschlag: *Der Mond schlug grad halb acht*, Wien/Hamburg, Paul Zsolnay Verlag (1972), entdecken.

Kapitel 3

21 A. Mehlmann: *De salvatione Fausti: Die Wette zwischen Faust und Mephisto im Lichte von spieltheoretischem Calcül und neuerem Operational Research*, Konstanz, Ekkehard Faude Verlag (nunmehr Libellen Verlag) (1989), vergriffen.

22 R. Hartl und A. Mehlmann: The Transylvanian Problem of Renewable Ressources, *R.A.I.R.O. Recherche Opérationelle/Operations Research* **16**, 379-390 (1982). Dieser Meilenstein der angewandten Mathematik wurde von zwei wagemutigen Autoren verfasst, die beide an einem Samstag geboren und somit *ex lege* gegen Vampirübergriffe immun sind.

23 In sinnhafter Übertragung aus dem Rumänischen *wo die Füchse Gute Nacht sagen*, obwohl auch die wörtliche Übersetzung *(die) Mutter des Teufels* durchaus ihren Reiz hat.

24 Kein *pluralis maiestatis* und schon gar kein *pluralis modestiae.* Hartl & Mehlmann.

25 R. Hartl und A. Mehlmann: Convex-concave utility function: Optimal blood-consumption for vampires, *Applied Mathematical Modelling* **7**, 83-88 (1983).

26 R. Hartl, A. Mehlmann und A. Novak: Cycles of Fear: Periodic Bloodsucking Rates for Vampires, *Journal of Optimization Theory and Applications* **75**, 559-568 (1992).

27 D. J. Snower: Macroeconomic Policy and the Optimal Destruction of Vampires. *Journal of Political Economy* **90**, 647-655 (1982).

28 Die von der Literaturwissenschaft lange Zeit hindurch eher unterschätzte Spaghetti-Western-Review. ☺

29 *Erst zu begegnen dem Tiere, Brauch ich den Spruch der viere:* Faust 1, ii, Zeilen 1271-1272.

30 W. Escepol, T. Skanes & G. Gineua: Faust – ein deutscher Pan Twardowski?, *Deutscher Pollen-Informationsdienst* **21**, 101-131 (1983). Spricht man die Familiennamen der Autoren schnell hintereinander aus, so kann bei genügend phonetischer Fantasie ein ›noch ist Polen nicht verloren‹ (nur auf Polnisch) vernommen werden. ☺

31 Dem Zauberlehrling der *no future generation* (wir denken da entschieden nicht an Harry Potter, um uns etwaige Urheberrechtsklagen rechtzeitig zu ersparen) sei bedenkenlos A. Page & S. Athanas: A tutorial on magical evocation, *J. Daemon. Dyn. Contr* **13**, 24-61 (1985), empfohlen. ☺

32 Moderne Autoren bezweifeln die Wirksamkeit des magischen Kreises und empfehlen an seiner Statt die Anwendung der *devil's curve*: $y^4 + my^2 - x^4 + nx^2 = 0$. ☺

33 J. VON NEUMANN & O. LUCIFER: *The Theory of Games and Necronomic Behavior*, Princeton, Princeton Univ. Press (1944). In Originalausgabe, Bibliographien und Neuauflagen wird unverständlicherweise statt Lucifer nur die verschämte deutsche Übersetzung Morgenstern angegeben. Unter welchem himmlischen Druck stand da wohl der bedauernswerte Verleger? ☺

34 Der Herr der Fliegen. Um Kritikern zeitgerecht keine Gelegenheit zu unziemlichen Vergleichen zu geben, stellen wir entschieden jegliche Verbindung zu Beelzebub, dem Herrn des Mistes, in Abrede. ☺

35 Eine Spielweise, die nicht ganz nach dem Geschmack des klassischen Antagonisten Satan sein dürfte. ☺

36 И. ЧЁРТ И С. БАБУШКА: *Фауст: кулак или космополит*, Москва, Классовая Борьба (1953). Um dieses Literaturzitat richtig würdigen zu können, muss man nicht unbedingt des Russischen mächtig sein. Hinter den beiden Autoren I. Ciort und S. Babuschka verbirgt sich letztendlich ein Teufel (Ciort) mit dem Vornamen Ivan und seine Großmutter. Der Buchtitel lautet übersetzt ›Faust: Kulak oder Kosmopolit‹, wobei als zusätzliche Feinheit das russische кулак (Kulak) sowohl Großbauer als auch Faust bedeutet. ☺

37 Dies haben bereits Ciort und Babuschka vermutet. Der Versuch, von dieser Tatsache abzulenken, ist Slanderer und Granny (d.h. dem Teufel und seiner Großmutter) in D. SLANDERER & H. GRANNY: *Red Heat: The Truth about Hell*, Salem, McCarthy Publ. Corp. (1955), gründlich misslungen. Ihr Argument, dass nicht nur der Osten sondern auch der Teufel rot sei und dass die ›Internationale‹ schlussendlich mit der Zeile ›Wacht auf Verdammte (sic!) dieser Erde‹ begönne, ist es nicht wert, hier wiederholt zu werden. ☺

38 Em troca para sua alma, Fausto terá que ser avançado-centro da equipa brasileira de futebol. Depois do jogo contra os alemães com o instrutor Hans Wolf Goethe, o diabo pede em vão o seu preço. A logica explicação para o salvamento do Doutor Faustinho sõmente é, que ele dança um samba perfeito, e o diabo é um argentino.
Eine gefühlvolle, doch keineswegs textgetreue, Übertragung der obigen Zeilen ins Deutsche liefert folgendes Ergebnis:
Es lebte einst in Ipanema ein junger Mann, der seine Seele dem Teufel verschrieb. Als Gegenleistung wollte er nur eines: unter dem Künstlernamen Dr. Faustinho Mittelstürmer der brasilianischen Fußballauswahl werden. Nach dem siegreichen Weltmeisterschaftsspiel gegen die Deutschen, die unter ihrem Trainer Hans Wolf Goethe angetreten waren, verlangte der Teufel vergeblich seinen Preis. Die einzige logische Erklärung für Faustinhos Rettung ist die unbestreitbare Tatsache, dass er perfekt Samba tanzen konnte und der Teufel ein Argentinier ist. ☺

39 Im reichhaltigen Schrifttum des Vaters der Psychoanalyse findet man nichts über Faust als Patienten, jedoch fast alles über den Teufel. Mal begegnen wir ihm als *Gegenwillen*, mal als das *Unbewusste*, letztlich ist er der *Doppelgänger*, der Widersacher des *Ich*. Verwunderlich scheint in diesem Zusammenhang nur, dass eine Auseinandersetzung mit den sexuellen Motiven der Walpurgisnacht – beispielsweise unter dem Titel: ›Zur Psychopathologie des osculum infame‹ und in dem dafür höchst geeigneten Forum einer Zeitschrift für Hygiene – von Freud nie angedacht wurde. ☺

40 A. Mehlmann und R. Willing: Eine spieltheoretische Analyse des Faustmotivs, *Mathematische Operationsforschung und Statistik* **15**, 243-252 (1984).

41 In der bislang geführten Diskussion hat leider die These in E. Erl und K. König: *Durch Nacht und Wind. Zur Soziometrie wissenschaftlicher Ausritte*, Lothlórien, Hobbit Presse, Klett-Cotta (1991), das Dominanzproblem bei der Co-Autorschaft Mehlmann & Willing sei durch die alte Drohung: ›und bist du nicht Willing, so brauch' ich Gewalt‹ entschieden worden, ein eher kontraproduktives Gewicht erhalten. ☺

42 Der wachstumstheoretische Ansatz in der Höllenökonomie ist wohl am markantesten in J. Behémoth: *Modèles de croissance des enfers*, Paris, Editions Gehénna (1977), entwickelt. ☺

43 Wäre Faust Österreicher (ungefähr so wie Beethoven) müsste er sich an die entsprechenden Richtlinien in Hofrat Sauerpfister: Die Beamtenforelle (*vulgo* Knackwurst) als unzulässige Sachleistung nach dem BDG (Beamtendienstrechtsgesetz), *K. u. K. Tarockianisches Amtsblatt* **XXVI**, 14-18 (1856), halten. ☺

44 Von einem Versuch Mephistos, Faust ins Gewissen zu (und ihm Gretchen auszu-) reden, ist bei Goethe nichts vermerkt. Wer für folgende Knüttelverse die Verantwortung trägt, entzieht sich meiner Kenntnis: ☺

Mephisto sprach zu Doktor Faust:
»Das Gretchen ist total verlaust;
Mir scheint, dass dir vor gar nix graust!
Jetzt war die schöne Helena
Bereits zum zweiten Male da,
Doch auch in der Walpurgisnacht
Hast du an Gretchen nur gedacht.
Was findest du denn so famos
An diesem Küchentrampel bloß?«

45 Friedrich & Scheithauer haben es in T. Friedrich und L. J. Scheithauer: *Kommentar zu Goethes Faust*, Stuttgart, Reclam (1974), richtig erkannt:

›Er benutzt die Zwischenzeit zu einem schaurig großartigen Versuch, Fausts Gewissensregungen, die seiner Absicht zuwiderlaufen, in einer wüsten Orgie zur Walpurgisnacht auf dem Brocken zu ersticken.‹

46 Haben gar Mephistos fahrlässige Entscheidungen die Firma ›Hades Ges. m.b.H.‹ an den Rand des Bankrottes getrieben? Im Höllenausschuss zur Überprüfung mephistophelischer Umtriebe stellte man fest, dass allein die Pressekonferenz zur Walpurgisnacht auf dem Brocken den Betrag von einer Zillion Teufelstalern (in heutiger Währung genau 96.000 €) gekostet habe. Man kann sich ja durchaus vorstellen, dass es da bei den nicht namentlich genannt sein wollenden Aufsichtsräten in Luzifers Bank ordentlich gerumpelt hat. Siehe auch A. Pecca und S. Dillo: In Teufels Küche, *Der Höllen-Spiegel* **45**, 88-101 (2007). ☺

47 Laut A. Kirie und O. Leyson: Wohin entführen die Engel Faustens Seele? Ein Entsorgungsproblem, *Ztschr. f.Himml. Umweltsch.* **154**, 666-669 (1984), lässt sich Mephisto nur allzu gern die hohe Seele wegpaschen. ☺

48 Selbst das Herbeischaffen der schönen Helena erweist sich als reine Täuschung. Sie erweist sich als Sukkubus.

Kapitel 4

49 D. R. Hofstadter: *Gödel, Escher, Bach: an Eternal Golden Braid*, Hassocks, Harverster Pr. (1979).

50 Erschienen in L. Perutz: *Herr, erbarme dich meiner*, Reinbek bei Hamburg, Rowohlt Taschenbuch Verlag (1989).

51 G. Hergsell: *Duell-Codex*, Wien, Hartleben (1891). Eine Neuauflage ist ebenfalls erhältlich: G. Hergsell und J. L. Wilson: *Der Duell-Codex und der Ehrenkodex oder Regeln für Duellanten und Sekundanten im Duellieren*, Leipzig, Bohmeier Verlag (2005).

Kapitel 5

52 J. Thépot: Irréversibilité et Décision Economique selon Gustave Flaubert, *Revue d'Economie Politique* **91**, 494–498 (1981).

53 Kravin (d.h. Kuhstall) war das Lieblingslokal des Jaroslav Hašek, womit die Moritat vom Tod des Archimedes (jedenfalls zu Beginn) als Parodie der Anfangszeilen aus ›Der brave Soldat Schwejk‹ entlarvt sein sollte. Tatsächlich entstand der Name Sigaios auf recht plumpe Weise durch Übertragung des Imperativs ›Schweig!‹, bei schlampiger Aussprache als Schwejk vernehmbar, ins Griechische.

54 Falls Potio M. Cinna mit russischem Akzent ausgesprochen wird, erklingt der Name des Fürsten Potjomkin. Das Kognomen Vicifex bedeutet darüber hinaus ›Macher von Dörfern‹ und führt uns letztlich auf die richtige Spur.

55 Niemand Geringerer als Eratosthenes von Kyrene. Sein Zahlensieb findet sämtliche Primzahlen in einem vorgegebenen Zahlenabschnitt.

56 Fermats ursprüngliche Vermutung, dass sämtliche Zahlen der Form $2^{2^n}+1$ prim seien (die ersten fünf für $n = 0, \ldots 4$ waren es ja tatsächlich), wurde bereits von Euler widerlegt. Heutzutage vermutet man, dass es keine weiteren Primzahlen dieser Form gibt.

57 Der Leser wird dem launigen Titel dieses Abschnittes sicherlich entnommen haben, dass es sich hierbei um Münchhausiaden handelt, die eine bereits von den Mathematikern goutierte Fiktion eines imaginären Nicolas Bourbaki nunmehr von der anderen Seite aufzäumen. Über Bourbaki – eine (nicht allzu) geheime Gesellschaft von Mathematikern – ist bereits vieles geschrieben worden. Wir verweisen auf M. MASHAAL: *Bourbaki: Une société secrète de mathématiciens*, Paris, Belin – Pour la science (2002). Hier findet sich auch das Faksimile des erwähnten Eintrags im Goldenen Buch von Rolf Nevanlinna.

58 Ein einziger Konsonantenwechsel hätte auch meinen literarischen Ruhm für die Ewigkeit begründen können. Vergeblich. Daniel Kehlmann weigerte sich entschieden sein ›K‹ gegen mein ›M‹ umzutauschen. Ich kam schon gar nicht mehr dazu, einen Vornamenwechsel vorzuschlagen.

59 Übertragung aus dem Lateinisch-Ruthenischen: *Katherina! Wie lange willst du noch eigentlich eilenden Fußes in unser Maisfeld sch...en kommen?*

60 Ralph P. Boas, Jr., von dem in der Folge noch öfters die Rede sein wird, war in Wahrheit ein außergewöhnlicher Mathematiker, dessen mathematische Verse einen unnachahmlichen Reiz haben. Ersatz Stanislas Pondiczery war nur eines seiner Pseudonyme, H. Pétard sogar ein Pseudonym zweiten Grades, da es von Pondiczery verwendet wurde. Unter dem letzteren Pseudonym erschien der erste mathematische Artikel zur Großwildjagd. Das in Anmerkung **61** zitierte Buch enthält alle wesentlichen Hinweise hierzu.

61 Diese Hochzeitseinladung existiert wirklich; als origineller mathematischer Streich, gemeinsam von Boas und Weil geplant und ausgeführt. Sie ist eine Fundgrube mathematischer Insider-Scherze. Nicolas Bourbaki wird als kanonisches Mitglied der Königlich-Poldavischen Akademie, Großmeister des Ordens der kompakten Hüllen, Bewahrer der Gleichmäßigkeiten und Lordprotektor der Filter vorgestellt. Seine Frau ist eine geborene Eineindeutig. Der Bräutigam Hector Pétard ist delegierter Verwalter der Gesellschaft induzierter Strukturen, diplomiertes Mitglied des Institutes für Klassenkörper-Archäologie und Sekretär des Löwenfell-Werkes. Pondiczery ist nebenbei auch

Ritter der vollständigen Ordnung des Goldenen Mittelwertes. Die Einladung und eine Fundgrube interessanter Geschichten über einen echten Paladin der Mathematik findet man in G. L. ANDERSON. D. H. MUGLER, HRSG.: *Lion Hunting & other Mathematical Pursuits: A Collection of Mathematics Verse, and Stories by Ralph P. Boas, Jr.*, The Mathematical Association of America (1995).

62 Aus dem in nicht allzu ferner Zukunft einer der besten Spieltheoretiker dieses Planeten werden sollte. Das Original dieser Anekdote lässt sich auf seiner Homepage aufspüren. Die Adresse lautet: `http://arielrubinstein.tau.ac.il/articles/haaretz_082504Eng.htm`.

63 L. COLLATZ UND W. WETTERLING: *Optimierungsaufgaben*, Heidelberg, Springer (1971).

64 Euphemismus für den Autor dieser Zeilen.

Kapitel 6

65 K. RADBRUCH: *Mathematische Spuren in der Literatur*, Darmstadt, Wissenschaftliche Buchgesellschaft (1997).

66 H. M. ENZENSBERGER: *Zukunftsmusik*, Frankfurt am Main, Suhrkamp Verlag (1991).

67 H. M. ENZENSBERGER: *Mausoleum. Siebenunddreissig Balladen aus der Geschichte des Fortschritts*, Frankfurt am Main, Suhrkamp Verlag (1975).

68 Rumänisch für ein halbwegs höfliches ›Halt's Maul‹.

69 W. G. BOSKOFF, V. DAO UND B. D. SUCEAVĂ: From Felix Klein's Erlangen Program to *Secondary Game*: Dan Barbilian's Poetry and its Connection with Foundations of Geometry, (2007 zur Veröffentlichung eingereicht).

70 Fragmente aus dem ›Nebenspiel‹ sind in der bereits vergriffenen deutschsprachigen Ausgabe des Kriterion Verlages, Bukarest, enthalten – 1981 unter dem Titel ›Das Dogmatische Ei – Gedichte‹ veröffentlicht.

71 R. QUENEAU: *Hunderttausend Milliarden Gedichte*, Frankfurt am Main, Zweitausendeins (1984), in der meisterliche Übersetzung von Ludwig Harig.

72 Die Brillanz, mit der Queneau die stilistische Klaviatur der Literatur bediente, kann vor allem an seinen Stilübungen (R. QUENEAU: *Stilübungen*, Frankfurt am Main, Suhrkamp Verlag (1990)) verfolgt werden. Eine simple Geschichte wird in 108 unterschiedlichen Stilformen erzählt. Mein Versuch eine 109te Variante zu entwerfen, vermag es nur dem Inhalt nach mit dem Spielwitz des Originals aufzunehmen:

Rhapsodie in S

Den Hut mit Kordel trug ganz kess,
Als ob er modisch sei (wie'n Fes?!)
Ein Typ, der ständig machte Stress,
In einem Bus der Linie S.
Kaum eingestiegen, schimpft er bes,
Weil ihn ein Bürger im Exzess
Und beim Passieren ständig steß',

Wie's Ungeheuer von Loch Ness.
Doch als ersichtlicher indess
Ein freier Platz für sein Gesäß,
Sprach er zu sich: »Den Zoff vergess'!
Der Kluge sitzt, ob *Hausse*, ob *Baisse.*«
Zwei Stunden später, *more or less*,
Sah ich den Kerl im gleichen Dress
Vor'm Bahnhof *Saint Lazare, I guess.*
Wo ihn ein Kumpel, der verläss-
lich Meister jeglicher Finess',
Drauf hinwies (Grund für 'nen Prozess?),
Ein Knopf der fehle ortsgemäß
An seinem *Cape of Inverness.*

73 Der Geburtsort von Tristan Tzara wird mit einem beinah unhörbaren i am Ende als ›Moineschti‹ ausgesprochen und dies nicht bloß um des Reimes Willen.

74 H. M. ENZENSBERGER: *Einladung zu einem Poesie-Automaten*, Frankfurt am Main, Suhrkamp Verlag (2000).

75 Die erfolgreiche Buchstabenpermutation hätte den Buchstabenhaufen in eine recht kryptische Anweisung verwandelt: *Data aequatione quotcunque fluentes quantitates involvente, fluxiones invenire; et vice versa.* Nur Genies vom Rang eines Leibnitz wären wohl in der Lage gewesen, daraus schlau zu werden.

Kapitel 7

76 Sämtliche Varianten und Lesarten des Gnostischen Anagramms sowie das von Moriarty als Antwort darauf gegebene okkulte Natas-Palindrom (mit Ausnahme des Anagramms, wonach Ataman Satana eine verrückte, traurige Fledermaus ist) verdanke ich den unvergleichlichen Tüfteleien von Helmut Kracke aus H. KRACKE: *Mathe-Musische Knobelisken: Tüfteleien für Tüftler und Laien*, Bonn, Dümmler (1982).

Quellenverzeichnis

Folgende Bilder der ›Erich Lessing Culture and Fine Arts Archives‹ wurden verwendet:

Bild 1 Archivnr.: 10 – 03 – 01/13, Hermes stiehlt die Rinder Apollos, Louvre, Dept. des Antiquites Grecques/Romaines, Paris, Frankreich

Bild 3 Archivnr.: 24–01–02/33, Sustermans Justus (1597-1681), Galileo Galilei (1564-1642), Uffizi, Florenz, Italien

Bild 4 Archivnr.: 26 – 01 – 03/2, Francesco Petrarca (1304-1374), Porträtgalerie, Schloss Ambras, Innsbruck, Österreich

Bild 5 Archivnr.: 26 – 01 – 03/3, Petrarcas Laura, Porträtgalerie, Schloss Ambras, Innsbruck, Österreich

Bild 6 Archivnr.: 40 – 08 – 01/58, Barbari, Jacopo de (1440-1515), Fra Luca Pacioli, Mathematiker (1445-1518) und ein junger Schüler, wahrscheinlich Guidobaldo da Montefeltro (1472-1508) aus Urbino, Galleria Nazionale di Capodimonte, Neapel, Italien

Bild 7 Archivnr.: 03 – 05 – 02/9, Alkmene, auf einem Felsen zwischen Zeus und Hermes sitzend; eine Szene aus der Tragödie ›Alkmene‹ von Euripides, Museo Archaeologico Regionale Eoliano, Lipari, Italien

Bild 8 Archivnr.: 10–03–01/6, Herakles bekämpft die Hydra von Lerna, Louvre, Dept. des Antiquites Grecques/Romaines, Paris, Frankreich

Bild 9 Archivnr.: 10 – 03 – 03/26, Saconides Vasenmaler (6tes Jahrhundert v. Chr.), Ein Krieger zieht seine Beinschienen an, Louvre, Dept. des Antiquites Grecques/Romaines, Paris, Frankreich

Bild 11 Archivnr.: 39 – 15 – 09/62, Vogelstein, Carl Vogel von (1788-1868), Szenen aus Goethes ›Faust‹, Palazzo Pitti, Florenz, Italien

Bild 15 Archivnr.: 11 – 01 – 03/5, Der Tod des Archimedes (212 v. Chr.), Liebighaus Museum, Frankfurt/Main, Deutschland

Bild 16 Archivnr.: 39–15–09/44, Barbotti, Paolo (1850), Marcus Tullius Cicero (106-43 v. Chr.) entdeckt das Grab des Archimedes, Civiche Racc d'Arte Moderna, Pavia, Italien

Bild 18 Archivnr.: 40–12–02/13, Delauney, Robert (1885-1941), Tristan Tzara, Collection Sonia Delaunay, Paris, Frankreich

Bild 19 Archivnr.: 40 – 12 – 01/47, Monet, Claude (1840-1926), Parlament in London, die Sonne Wolken durchbrechend, Musee d'Orsay, Paris, Frankreich

Das Original des im *Bild 2* dargestellten geometrischen Stichs der Hölle nach den Theorien des Florentiners Antonio Manetti ist in der Ausgabe von Dantes ›Divina Commedia‹, die 1595 von der *Accademia della Crusca* vorbereitet wurde, enthalten. Diese Ausgabe ist Bestandteil der John A. Zahm, C.S.C., Dante Sammlung der Universität Notre Dame. Die Verwendung des Bildes erfolgt mit Genehmigung der Universitätsbibliotheken der Universität Notre Dame, Notre Dame, Indiana, USA.
Reproduced from the original held by the Department of Special Collections of the University Libraries of Notre Dame.

Quellennachweise zu den *Bildern 10, 12, 13 und 17* sind bereits im Abschnitt Danksagung enthalten. *Bild 14* hat meine Tochter, Sabrina Mehlmann, als Urheberin. Alle restlichen Abbildungen: Alexander Mehlmann.